特种经济动物养殖致富直通车

宠物兔

饲养100问

孙海涛 主编

中国农业出版社
北 京

丛书编委会

本书编写人员

主　编　孙海涛

副主编　姜红军　刘　策

参　编　刘公言　刘　磊　解红梅　王玉茂
黄　兵　高淑霞　杨丽萍　谢玉红
白莉雅　闫先峰　高青华　李本科
李明勇　张　印　庄桂玉

丛书序

近年来，山东省特种经济动物养殖业发展迅猛，已成为我国第一养殖大省。2016 年，水貂、狐和貉养殖总量分别为 2 408 万只、605 万只和 447 万只，占全国养殖总量的 73.4%、35.4%和 21.4%；兔养殖总量为 4 000 万只，占全国养殖总量的 35%；鹿养殖总量达 1 万余只。特种经济动物养殖业已成为山东省畜牧业的重要组成部分，也是广大农民脱贫致富的有效途径。山东省虽然是我国特种经济动物养殖第一大省，但不是强省，还存在优良种质资源匮乏、繁育水平低、饲料营养不平衡、疫病防控程序和技术不合理、养殖场建造不规范、环境控制技术水平较低和产品品质不高等严重影响产业经济效益和阻碍产业健康发展的瓶颈问题。急需建立一支科研和技术推广队伍，研究和解决生产中存在的这些实际问题，提高养殖水平，促进产业持续稳定健康发展。

山东省人民政府对山东省特种经济动物养殖业的发展高度重视，率先于 2014 年组建了“山东省现代农业产业技术体系毛皮动物创新团队”（2016 年更名为“特种经济动物创新团队”），这也是我国特种经济动物行业唯一的一支省级创新团队。该团队由来自全省的 20 名优秀专家组成，设有育种与繁育、营养与饲料、疫病防控、设施与环境控制、加工与质量控制和产业经济6大研究方向11位岗位专家，以及山东省、济南市、青岛市、潍坊市、临沂市、滨州市、烟台市、莱芜市8个综合试验站、1名联络员，山东省财政每年给予支持经费350万元。创新团队建立以来，专家们深入生产一线，开展了特种经济动物养殖场环境状况、繁殖育种现状、配合饲料生产技术、重大疫病防控现状、褪黑激素使用情况、屠宰方式、动物福利等方面的调查，撰写了调研报告17篇，发现了大量迫切需要解决的问题；针对水貂、狐、貉及家兔的光控、营养调控、疾病防治、毛绒品质和育种核心群建立等30余项技术开展了研究；同时对“提高水貂生产性能综合配套技术”“水貂主要疫病防控关键技术研究”“水貂核心群培育和毛皮动物疫病综合防控技术研究与应用”“绒毛型长毛兔专门化品系培育与标准化生产”等6项综合配套技术开展了技术攻关。发表研究论文158篇（SCI 5篇），获国家发明专利16项、实用新型专利39项、计算机软件著作权4项，申报山东省科研成果一等奖1项，获得山东省农牧渔业丰收奖3项、山东省地市级科技进步奖10项、山东省主推技术5项，技术推广培训5万余人次等。创新团队取得的成果及技术的推广应用，一方面为特种经济动物养殖提供了科技支撑，极大地提高了山东省乃至全国特种经济动物的养殖水平，同时也为山东省由养殖大省迈向养殖强省奠定了基础，更为出版“特种经济动物养殖致富直通车”提供了丰富的资料。

“特种经济动物养殖致富直通车”包括《毛皮动物疾病诊疗图谱》《水貂高效养殖关键技术》《狐狸高效养殖关键技术》《貉高效养殖关键技术》《獭兔高效养殖关键技术》《长毛兔高效养殖关键技术》《宠物兔饲养100问》等。本套丛书凝结了创新团队专家们多年来对特种经济动物的研究成果和实践经验，内容丰富，技术涵盖面广，涉及特种经济动物饲养管理、营养需要、饲料配制加工、繁殖育种、疾病防控和产品加工等实用关键技术；内容表达深入浅出，语言通俗易懂，实用性强，便于广大农民阅读和使用。相信本套丛书的出版发行，将对提高广大养殖者的养殖水平和经济效益起到积极的指导作用。

山东省现代农业产业技术体系特种经济动物创新团队

2018年9月

前 言

随着人们生活观念的转变，我国居民越来越喜欢养宠物。宠物已经成为人们休闲和情感的寄托，宠物兔就是人们的选择之一。但是，在决定养宠物兔前，请认真考虑清楚，宠物兔有它可爱的一面，也有“麻烦”的一面，比如：要每天照顾它的起居饮食、清理便溺、打理毛发，这些都会花上很多时间和精力；万一宠物兔生病，医药费也不便宜；有些脾气差和顽皮的宠物兔甚至会令人生气。但不管怎样，从你决定带宠物兔回家的那刻起，你便肩负着照顾它一生的责任，不管你的宠物兔有多麻烦，你都要好好地照顾它，做一个负责任的好主人。在国外，很多家庭鼓励小孩子饲养宠物兔，因为宠物兔相对猫和犬照顾起来会更方便一些，父母希望借此培养小孩子尊重动物的好品格。本书介绍了宠物兔的驯养、美容、繁殖、疾病等方面的内容，以期对广大的宠物兔爱好者有所帮助。

由于时间仓促，编者水平有限，疏漏和错误之处在所难免，恳请同行批评指正。

编　者

2021 年 8 月

目录

第三章　宠物兔的调教与训练

第四章　宠物兔的卫生与美容

第五章　兔的繁育

第六章　宠物兔的保健与疾病防治

第一章 宠物兔的起源与发展

1. 宠物兔起源于哪里?

根据在伊伯利亚半岛上的更新世化石记录知道，现代家兔的祖先是欧洲野兔，它的拉丁文名称为 *Oryctolagus cuniculus*，其字面意思为“如同地下通道挖掘者一样的野兔”。在冰河时代之后，似乎在一段时间内它只在西班牙生存。有趣的是，兔在古埃及是繁殖力的一种象征。兔的象形文字被译成动词“to be”，并且法老乌纳斯（公元前 2375 至前 2345 年）指定使用这个象形文字。石器时代的洞穴壁画清楚地表明它的存在。并且在公元前 1100 年，腓尼基商人也报道有大量的野兔存在。在这一时期，兔向西班牙以外的国家传播可能受到比利牛斯山脉和其他欧洲国家密集森林的阻碍。随着欧洲森林被逐渐砍伐，兔传播并扩张到阿尔及利亚、摩洛哥，亚速尔群岛、地中海沿岸和俄罗斯，然后进入北欧。在最初的传播阶段，人类并没有对其进行任何真正的驯化。

大约公元 1 世纪，罗马人进行了不完全的驯养，兔在野外繁殖，只是捕捉后用于育肥。在公元 6 世纪，随着兔肉成为普遍的肉食品，这种不完全驯养通过地中海沿岸国家传播开来。公元 120—130 年这一时期的硬币和罗马艺术品关于兔的刻画就进一步支持了上述时间的认定。

家兔最初的屋内繁殖和控制饲养似乎是在 6—10 世纪法国的修道院，那时家兔被关在大的兔园中，即菜园用石墙围起来。后来家兔变成更为普通的动物，在 16 世纪对于家兔的温驯性、体型大小和多样性上的选择也更为明显。直到 1530 年提香（Titian）的油画 *Madonna of the Rabbit* 中出现了一只白兔，在此之前家兔在家畜美术作品中是没有特色的。

在 14 世纪，家兔在英国才成为普通的动物，并且在 17 世纪才被豢养，到 18 世纪末才出现真正的驯养。然而直到 19 世纪中期，宠物兔和展览兔才开始出现。家兔有很强的适应能力，如今已遍布五大洲。家兔成为驯养动物是如此之晚，直到现在才成为一种重要的宠物。

家兔在中国、意大利、法国和西班牙已经广泛养殖，在某些国家，特别是德国、英国、美国和加拿大，已普遍成为一种重要的宠物。

2. 宠物兔发展过程怎样?

现在公认的家兔品种有 50 多个，体重为 1～10 千克。家兔爱好者把它们分为两类，即“毛皮兔”和小个体品种（如荷兰侏儒兔和迷你垂耳兔）的“观赏兔”，即宠物兔。

最近几年，英国宠物兔的数量稳步上升，目前估计数为 100 万～140 万只，已成为第三大普及的宠物（除鱼之外）。养宠物兔的家庭约有 70 万户。美国的宠物兔数量也在上升，2002 年约有 220 万户家庭养有 500 万只宠物兔，2007 年有

200 万户养有 617 万只宠物兔。

宠物兔是一种讨人喜欢的小动物，并且很容易被老人、残疾人和儿童饲养，也适合成年人饲养，可作为儿童的标准宠物。随着宠物兔的出现，它在宠物饲养人群心目中的地位已经类似于宠物猫。宠物兔在小动物兽医行业中已经完全确立起作为重要宠物的地位，爱丁堡大学兽医学院甚至还设有讲授兔病学及其手术的讲师职位。

第二章 宠物兔的习性与饲养

3. 宠物兔有哪些生活习性?

宠物兔起源于野生穴兔，在人类长期驯养过程中改变了野生兔原有的许多习性，但也保留了它原有的一些生活习性。

(1) 昼伏夜动 在大自然中，野生穴兔是弱者，它们祖祖代代生活在大自然的山中、丛林中、大树根下或灌木丛中，打洞穴居。野生穴兔由于体小力弱，为了躲避狼、狐、鹰、鹫等猛禽猛兽的袭击，常常白天静伏洞中，夜深人静时才外出偷食农民的禾苗或蔬菜。在长期的自然选择下，这种特性在繁殖中得到加强和巩固。宠物兔在人工饲养条件下白天多静伏笼中，闭目养神，从黄昏至次日凌晨则显得十分活跃，频繁采食和饮水。据测定，宠物兔在夜间的采食和饮水量远多于白天，大约相当于一昼夜的70%。

为了饲养好宠物兔，人们应注意到宠物兔的这种习性，每天最后一次喂食时间迟些，数量多些，并备足饮水。俗语“要想兔养得好，夜草（料）不能少”是很有道理的。

（2）胆小怕惊　宠物兔胆小，对外界环境的变化非常敏感，遇有异常响声，或竖耳静听，或惊慌失措，或乱蹦乱跳，或发出很响的蹬足声以“通知它的伙伴”。受惊吓的妊娠母宠物兔容易流产，正在分娩的母宠物兔受惊吓会咬死或吃掉初生仔宠物兔，哺乳母宠物兔受惊吓则拒绝仔宠物兔吃乳。正在采食的宠物兔受惊吓往往停止采食。因此，保持宠物兔的环境安静是养好宠物兔值得重视的问题。为了保持环境安静，不要大声喧哗，不要有人群围观，不要让犬、猫等动物接近宠物兔。

（3）喜欢干燥　多数家畜家禽喜欢生活在清洁干燥的环境中，宠物兔更是如此，它们排粪排尿都有固定的地方，这是它们适应环境的本能。宠物兔对疾病的抵抗能力较差，容易染病，尤其是不清洁和潮湿的环境更容易诱发各种疾病。因此，在日常管理中，为宠物兔创造清洁而干燥的环境是养好宠物兔的一条重要原则。

（4）穴居　古人说“兔有三窟”，就是说穴兔有打洞的习性，这是它们祖祖辈辈为创造栖息环境和防御敌害所采取的措施。驯养后的宠物兔仍旧习未改，但现代笼养宠物兔很难顺应这种习性，只是在母宠物兔产仔时才提供保暖的产仔箱或产房。

如果在泥土地面平养，应防止宠物兔打洞旧习出现，严加控制不让其有打洞的机会。在散养时，每当繁殖前，其打洞行为更为频繁。因此在建造宠物兔舍时，在设计和材料上要注意这一点。

（5）怕热耐寒　宠物兔缺少汗腺，天气炎热时很难通过排汗来调节体温，加之被毛浓密，体表热能不容易散发，这就是宠物兔怕热的主要原因。所以当外界气温过高时，宠物兔常爬卧地上，利用地面传导来散发热量；或者通过增加呼吸次数散发热量。浓密的被毛使宠物兔在冬天具有较强的抗寒能力。宠物兔的抗寒能力有明显的年龄差异，成年宠物兔比仔宠物兔、幼年宠物兔抗寒能力强。为了提高冬季繁殖仔宠物兔成活率，宠物兔舍应有保温条件。成年宠物兔能耐过0℃以下的气温，在5℃左右就可以进行冬繁。一般来讲，在宠物兔舍结构上或日常管理中，应该注意既防暑又防寒。成年宠物兔适宜的温度为15～25℃，幼年宠物兔为30～32℃。

（6）喜啃硬物 宠物兔有啃咬硬物的习惯，通常称为啮齿行为。与鼠类相比，宠物兔的牙齿是双门齿型，门齿中的第一对牙齿称“恒齿”，出生时就有，以后也不出现换齿现象，而且不断生长。宠物兔通过啃咬硬物本能地将它磨平，使上下齿面吻合。宠物兔的这种习性常常会造成笼具或其他设备的损坏。为了避免造成不必要的损失，可采取一些防御措施，例如常在笼中投入带叶的树枝或粗硬干草等硬物任其啃咬、磨牙。建造宠物兔舍时，在笼门的边框、产仔箱的边缘等处凡是能被宠物兔啃到的地方，都要采取必要的加固措施。

（7）性情温驯 宠物兔性情温驯，在正常情况下，大多数宠物兔任主人抚摸或捕捉也不会有攻击行为。但在母宠物兔产仔或带仔时，出于它的母性行为，捕捉时有时会主动伤人。当遇到敌害或四肢被笼底板夹住时，往往会发出尖叫声，或顿足或在笼中狂奔，神情紧张。公宠物兔在配种射精后会发出“咕咕”的叫声。宠物兔发怒、发情或向同伴和仔宠物兔发出警报时，也常常用后肢猛蹬笼底板。

(8) 嗅觉灵敏 宠物兔的嗅觉灵敏，常以嗅觉辨认异性和栖息领地，通过嗅觉来识别亲生或非亲生仔宠物兔。利用这一特性，在仔宠物兔需要并窝或寄养时，采用一定的方法使其辨别不清，从而使并窝或寄养获得成功。

(9) 群居性差 宠物兔群居性差，在群养情况下，公、母之间或同性别之间常常发生斗殴，甚至会头破血流、皮开肉绽。一般来说，种宠物兔特别是种公宠物兔和妊娠、哺乳母宠物兔宜单笼饲养。如要群养，应合理分群，根据体型大小、强弱和性别不同进行分群饲养，且数量不宜过多，每群3～5只或7～8只即可。对新分群的宠物兔，要注意防范，以免互相咬斗致伤致残，造成不必要的损失。

4. 宠物兔有哪些特殊的采食习性?

宠物兔很难消化细胞壁（纤维素）。宠物兔对纤维的低消化性使大量难以消化的微粒快速排出，让宠物兔有能力大量进食，维持高度的食物吸收量。

可消化的纤维，不论是从树皮上撕下的，还是混在食物中的，都能消化，但是纤维的大小和种类却可以影响它经过肠胃的时间。大的微粒并不会在宠物兔体内阻滞，小的微粒也不一定能比较容易排出，只是时间不同而已。高纤的苜蓿（做成颗粒状，约3厘米长）经过消化系统大约需要14.1小时。同样高纤的食物，如果做成1厘米长，则需要15.9小时经过整个消化系统。低纤高淀粉的颗粒状食物则需要20.1小时。比较小的纤维和高淀粉的食物之所以所需的时间比较长，是因为小的微粒和过量的淀粉会被送到盲肠发酵，需要更多的时间。流体和小的微粒会在结肠分离，然后回到盲肠（但大的微粒却能轻易地通过结肠）。

成年宠物兔在小肠中吸收蛋白质的量达 90%，但还是依蛋白质的来源而定。大豆中的蛋白质很容易被吸收，但苜蓿中高含量的蛋白质（很大部分存在于植物的细胞壁中）对宠物兔来说却不能被消化。

5. 宠物兔换毛（脱毛）吗?

小动物大多都有脱毛的习性。宠物兔的一生中有两次正常的生理换毛和季节性换毛。由于季节、疾病或者营养等因素的影响，宠物兔也会出现不正常的换毛现象。

宠物兔的正常换毛现象是对外界环境的适应。当宠物兔在 30～100 日龄和 4～6 月龄的时候分别出现两次正常的年龄性换毛。由于受到季节更替的影响，在每年的春秋两季，性成熟的宠物兔即会出现季节性换毛。每次正常换毛持续时间为 30～45 天。换毛的早晚和换毛持续时间的长短受多种因素影响。北方春季被毛生长较快，换毛期较短；秋季被毛生长较慢，换毛期较长。日常给予宠物兔营养丰富而易于消化的饲料，换毛期短；反之则长。

换季的时候宠物兔为了自我保护都会脱毛。快到夏季的时候，宠物兔身上的绒毛也会脱落，是为了适应夏季的高温天气；到了冬季，宠物兔会脱掉粗毛换上新绒毛，则是为了保护自己更好地过冬，所以一般宠物兔脱毛都不用太过担心。换毛期间，在宠物兔行走、跳跃、奔跑的时候都会有一些毛发从身体上脱落。饲养者要加强对换毛期宠物兔的饮食管理，加强营养。

当宠物兔患某些疾病或者身体营养不良的时候，也会出现全身或局部脱毛现象，用手或者其他物件轻轻触摸就可发现宠物兔异常脱毛的情形，这主要是由于宠物兔毛囊的生理状态不佳和营养不良造成的，一般多出现于幼年和老年宠物兔。一般情况下，给宠物兔饲喂的都是宠物兔粮，再加上水和其他的配食，营养已经足够。宠物兔处在特殊生理时期，如妊娠期，对营养的需求会增加，这些需要主人留心观察。

6. 如何分辨宠物兔的性别?

小宠物兔的睾丸隐藏在腹腔内，3 个月左右慢慢降入阴囊，所以宠物兔小时候不容易辨别公母。宠物兔长大之后，公宠物兔的阴囊周围无毛，辨认相对容易一些。

仔兔的性别判断，常根据其肛门与生殖器官之间的距离作初步判断，距离远一些的是公，反之则为母。可先一只手抓住宠物兔颈背部皮肤，另一只手拉起它的小尾巴，稍微下压生殖器官，肛门下方呈小圆圈状的是公宠物兔，长裂缝状的则为母宠物兔。也可以将生殖器官翻起来用手撑开，公宠物兔有圆筒形的生殖器官，而母宠物兔的生殖器官是略长形的。

7. 如何判断宠物兔的年龄?

幼青年宠物兔（0～18 月龄）：趾爪短而平直，隐藏于脚毛之中。白色宠物兔趾爪基部呈粉红色，尖端呈白色，且红多于白。门齿洁白，短小而整齐。

成年宠物兔（19～30 月龄）：趾爪粗细适中，平直，随着年龄的增长，逐渐展露于脚毛之外。白色宠物兔趾爪红白颜色长度相等。门齿白色，粗长整齐。皮肤紧密。

老年宠物兔（超过30月龄）：趾爪粗长，爪尖钩曲，有一半趾爪露于脚毛之外，表面粗糙无光泽。白色宠物兔趾爪颜色白色多于红色。门齿厚而长，呈暗黄色，或有破损，排列不整齐。皮肤厚而松弛。

8. 饲养公宠物兔好还是母宠物兔好？

如果养一只宠物兔，公母皆可。公宠物兔活动力强，有强烈的领域行为，公宠物兔和母宠物兔都有标示领域的行为。若养两只宠物兔，则建议养两只母宠物兔，母宠物兔的包容性较好，不容易发生争斗。若养两只公宠物兔，长大后常因争夺领域发生争斗。养一公一母则可以相安，但是应分笼饲养，若不分笼，则无法控制其交配，也可以给公宠物兔或母宠物兔去势。

9. 如何选择宠物兔？

挑选宠物兔时，应要求体型发育均匀；被毛光亮；耳朵直竖，活动灵敏，耳道洁净；鼻部干净、鼻孔光润。健康的宠物兔吃食急且吃得快，饮水不多，身躯浑圆，背、脊椎骨稍有凸出。健康的宠物兔肛门干净，粪球光滑，颗粒呈圆形；尿液淡黄色，无混杂物。

春季是购买宠物兔的最佳时节，此时气温适宜，繁殖量较大，成活率也高。最好避开炎热夏季、季节交替时购买宠物兔，以免宠物兔死亡。此外，还应选择不怕人、好奇心强、喜欢和人亲近的宠物兔。

10. 常见的宠物兔用品有哪些？

新手宠物兔友在饲养宠物兔之前一定要了解宠物兔用品，并提前准备好。

（1）宠物兔窝、床垫 是宠物兔每天休息的地方（图2-1）。为了保证宠物兔窝的卫生干净，平均每隔几天都需清洗更换一次。

（2）食盆、饮水器皿 是宠物兔每天用餐的工具。饮水器皿里面每天都要保证有新鲜的水供应，让宠物兔随时可以饮用。

（3）趾甲钳、梳子、小刷子、清洁剂 是宠物兔清洁用的用具。为了保证宠物兔的卫生健康，需定期给宠物兔洗澡、清洗毛发等。定期给宠物兔修剪趾甲，在保证宠物兔健

图 2-1　宠物兔窝和床垫

康的同时，也可避免宠物兔的趾甲长长后误伤人。

（4）球、纸团、藤制的玩具 给宠物兔休闲玩乐用。在锻炼宠物兔身体的同时，也让宠物兔有一个好心情。

（5）宠物兔箱子、牵引绳 带宠物兔外出的时候使用。箱子可以保护宠物兔外出的安全，牵引绳可以防止宠物兔走丢。

11. 养宠物兔的常见误区有哪些?

科学的饲养方法能够最大限度地避免宠物兔生病。疾病往往是导致宠物兔死亡的主要原因，疾病重点在于防而不是治。更何况某些疾病的致死率非常高，即便是治疗也不一定有效果。科学的饲养方式是预防疾病的关键环节之一。在饲养宠物兔的过程中，常见如下一些误区。

（1）不给宠物兔提供饮水 有人认为宠物兔不能饮水，但是这样的说法很明显是不正确的。的确，宠物兔很容易腹泻，而腹泻易致其死亡，很多人会认为宠物兔的腹泻是饮水引起的，事实上这两者没有关系，相反养宠物兔应为其供应充足清洁的饮水。

也有人认为蔬菜里的水分就能够满足宠物兔的需求，但对于宠物兔来说，过量采食蔬菜易导致腹泻。正确的方法是供应充足的饮水，蔬菜每日供应1～2次即可，供应量要根据其肠胃承受能力灵活调节。

（2）盲目洗澡 宠物兔是非常爱干净的动物，正是因为宠物兔的自我清洁能力极强，一般情况下不用给宠物兔洗澡。如果发现自己的宠物兔毛发脏了，首先应该检查其健康状况，确定是否患病。如果臀部上的毛脏，那可能是宠物兔腹泻；如果下巴脏，可能是患了口炎；如果鼻子周围脏，可能是患了鼻炎。

所以如果发现宠物兔毛发脏了，首先应该确定原因，而不是盲目地洗澡，这样做往往会掩盖病情，甚至会加重病情。

（3）将蔬菜水果当主食 不要将蔬菜水果作为宠物兔的主食。正确的方法是，成年宠物兔供应充足牧草＋宠物兔粮＋饮水，蔬菜每日 1～2 顿即可，幼年宠物兔供应充足牧草＋少量宠物兔粮＋充足饮水。蔬菜可不供应或少量供应。

（4）喂食肉或动物性食品 宠物兔食用肉类食品及油脂含量大的食品可能会引发严重的肠胃疾病。宠物兔是典型的草食性动物，其肠胃特点不能消化肉及动物性食品的，例如巧克力、面包等，以及蛋类食品、含动物油的食品等。

（5）饮食不规律 不规律的饮食对于它们的消化系统有着一定的危害，每日喂食都要有一定的规律，做到定时定量，这样才能保证健康。

（6）不给宠物兔喂草 宠物兔是草食性动物，吃草是天性，不给宠物兔喂草的危害很大。吃草对于它们来说有两个必要性，第一是可以通过吃草来补充体内所需的各种营养；第二是因各种原因，宠物兔有时会采食自身或同伴的被毛，尤其在营养不均衡的条件下，食毛的现象更严重，吃草可以帮助宠物兔把体内的毛排出来。不给宠物兔喂草，无疑为宠物兔患毛球症埋下隐患。毛球症如果未及时发现和治疗，同样是可以致命的，而且毛球症到后期必须靠手术才能解决。

12. 怎样给宠物兔建造一个舒适的家？

比起宠物猫和犬，宠物兔这类宠物通常在笼内生活的时间比较长，因此布置好宠物兔的住所，给宠物兔建造一个舒适的家，为它们提供一个良好的生活环境，对于它们来说很重要。

（1）大小合适的笼子 要给宠物兔购买大小合适的笼子。笼子要稍微买大一点，因为宠物兔长得快，这样即使体型增长也能继续使用。注意笼子底部的间隙不要太大，否则宠物兔的脚很容易卡在缝隙里，对宠物兔的脚或腿造成伤害。

宠物兔笼也可以使用替代品，如一些小型的犬笼就能作为宠物兔笼使用。对于宠物犬来说可能笼子不算大，但是对于宠物兔而言已经够宽敞了。重要的是笼子的材质。宠物兔具有发达的前齿，会到处啃咬，笼具当然要选择坚固、耐咬的。另外，为了美观，宠物兔笼子会镀上一些彩色的化学漆料，要注意不要购买颜色容易脱落的笼子，以免宠物兔啃咬后脱落，造成误食（图 2-2）。

（2）笼子底部的垫料 底部可以放一块干净的布，或选择木屑、干草、稻草等，方便主人清理宠物兔的粪便。不建议使用报纸。

（3）餐具 准备好一个适当重一点的食碗，以免宠物兔不小心踩到边缘，将食碗打翻。材质也尽量选择坚硬一些的，防止宠物兔啃咬食碗，将其破坏。

（4）饮水器 宠物商店一般都能购买到。之所以选择饮水器而不是直接使用碗来饮水，是因为如果宠物兔在笼内活

图 2-2　为宠物兔提供合适的笼子

动，常会不小心打翻水碗，水碗中的水难免会洒在宠物兔的身上，导致宠物兔毛受潮，这样会增加感冒、患皮肤病等疾病的概率。

（5）磨牙工具　一般不用一直放在笼内，需要的时候再放入笼中，让它自己去啃咬即可。

由于宠物兔生活在笼内的时间较长，所以主人一定要保证笼内的环境卫生。虽然不用每天对宠物兔笼做一次大清理，但是对宠物兔的排泄物最好是每天将其处理干净。此外保持笼内干燥，观察笼子是否存在损坏的问题，对于宠物兔的安全有无隐患。另外，要注意的是安排一定的时间让宠物兔在笼外活动一会儿，对于宠物兔的健康是有好处的。

13. 如何正确捕捉宠物兔？

捕捉宠物兔是宠物兔饲养过程中经常要做的事，如分窝、防疫、配种、摸胎、出售等过程都需要捕捉宠物兔。宠物兔较弱小，它们的骨骼很脆弱，如果捕捉方法不正确，很容易使宠物兔受伤害，也容易被抓伤。如何正确捕捉宠物兔呢?

首先慢慢地接近宠物兔，让宠物兔知道你要去抱它。然后蹲下来，和宠物兔在同一水平面上。这样能让宠物兔看清你，并且让它知道，你没有要伤害它的意思。在开笼时动作要轻要慢，给它一个捕捉的信号，再伸手顺毛方向抚摸宠物兔的双耳和背部被毛，待宠物兔安静后，一只手抓牢双耳后颈背部皮肤，另一只手要拖住宠物兔的臀部皮肤，轻轻地把宠物兔提出来。千万不要只抓宠物兔的耳朵，否则易因宠物兔挣扎造成耳骨骨折等伤害。用我们惯用的手托住宠物兔的前肢，手指要垫在宠物兔的腋窝里，手掌托住其胸部，这样就能为上体提供支撑。也可以抓宠物兔躯体的中间部分，用另外一只手托住宠物兔的臀部，动作要又轻又稳。这样做既能让宠物兔觉得舒适，又能安全地将其抓出来。不喜欢被抓的宠物兔可能会挣扎着想要摆脱你的手，如果你用一只手抓住其身体中段，同时另一只手托住臀部，宠物兔就很难跳走。

14. 为什么宠物兔喜欢啃咬笼具?

我们都知道，宠物兔和老鼠一样有一对不断生长的门牙，宠物兔靠磨牙使其保持一定的长度而不会突出口外。为什么宠物兔这么喜欢啃咬笼具呢?

(1) 生理性因素 宠物兔属啮齿类动物，其门齿不断生长，以适应牙齿（门齿）磨损的需要。如今宠物兔被人为饲养在笼中，当食物饲料中缺乏一定量的粗纤维性物质时，牙齿不断生长，而吃食饲料时，饲料对牙齿的磨损又达不到一定的程度，它就要啃咬笼具，即进行磨牙。如果宠物兔的牙（门）齿不能被磨损，则门齿生长会越来越长，使上下颌的大磨牙对合不上而影响饲料采食，进而身体会逐渐消瘦。

另外，当宠物兔发情时，公宠物兔闻到发情母宠物兔气味，或母宠物兔闻到公宠物兔气味时，在异性欲望吸引力作用下，为了外出相聚而将其前面的阻挡物清除，把笼具咬出大洞。

（2）饥渴因素　宠物兔的日粮营养不能满足其生长发育的需要，造成宠物兔过度饥饿，到处搜寻食物，啃吃竹木材料以填饱肚子，造成笼具被啃坏。

（3）哺乳因素　在母仔分离饲养的状态下，母宠物兔经一夜的时间蓄积乳汁，次日清晨乳房肿胀，急待供仔宠物兔哺乳而冲撞、啃咬宠物兔笼。解决办法：每天清晨要早一点将哺乳母宠物兔送去仔宠物兔处哺乳，或改为母仔同笼饲养。

（4）皮肤病因素　宠物兔患有疥癣、痒螨等寄生虫病，因患处瘙痒不安，碰擦啃咬患处，啃咬笼具。解决办法：当发现宠物兔啃咬笼具时，要先检查该笼宠物兔有无患皮肤寄生虫病，以便及时采取措施驱除寄生虫。

（5）木材香气引诱因素　有的宠物兔笼采用松木材质，宠物兔较为喜欢松木材的松香气味，当宠物兔无事之时将其作为一项喜欢的啃咬活动而无意咬坏笼器。

15. 如何解决宠物兔的牙齿问题?

宠物兔与其他啮齿类动物一样，牙齿终生都会不断长长，必须通过啃咬硬物本能地将它磨平，使上下齿面吻合。如果没有适当的磨损，牙齿就会因不断长长而伸出口腔外，影响采食，造成宠物兔消瘦和营养不良。那怎样帮助宠物兔磨牙呢？

虽说市面上有些质感较硬的宠物兔粮标榜着具有磨牙功能，但效果有限，而且所谓的“磨牙饲料”纤维含量实际可能并不高。为什么“磨牙饲料”磨牙效果会不好？因为饲料主原料是草粉，虽然已被制成硬颗粒，但宠物兔采食时也只是用臼齿“压碎”而已，磨牙效果有限；而高纤维的干牧草能让宠物兔在咀嚼时间长一些的同时可以磨牙，不仅能使臼齿磨得整齐，门齿在切断干草时也起到了一定的磨牙作用。

既然食物中的纤维已有磨牙作用，还要给宠物兔提供磨牙木吗？如果仔细观察宠物兔进食，就会发现，宠物兔是用臼齿磨碎食物的，食物中的纤维可以把臼齿磨得整齐漂亮，但门齿需要仰赖其他的磨牙工具，磨牙木是不错的选择。对于市面上琳琅满目的磨牙木，要如何挑选呢？最好的磨牙木是苹果树的树枝，宠物店内也会贩售上色或制成各种蔬果形状的磨牙木，其实那只是做给宠物兔主人看的，因为宠物兔是色盲，颜色对它们而言没有意义，它们也不会在乎磨牙木的形状，所以为宠物兔选购磨牙木时尽量选择未加工过的，对宠物兔的健康会比较好。要留意的是，不要拿松杉木等针叶树的树枝或一些有毒植物的树枝给宠物兔磨牙，有的果树树干有毒，但摘下来后是无毒的，在自己无法判断时，可请教专业人士后再决定要不要给宠物兔使用。

请一定要定期检查宠物兔的牙齿！定期为宠物兔检查牙齿很重要，发现宠物兔不进食时要带宠物兔去医院检查，发现问题及时治疗。

16. 宠物兔需要玩具吗?

研究成员、技术人员和加州大学戴维斯分校（U. C. Davis）兽医学校的兽医师们曾经过两年的研究观察到，在宠物兔居住的笼子中摆置玩具可以增加宠物兔的活力，让它们更具宽容的心胸。

如果只饲养一只宠物兔，当你不在家的时候，倘若没有具有挑战性的活动让它去做，它会觉得很无聊，这种情况可能会使它变得沮丧（图 2-3）。宠物兔需要安全的活动，以使其身材和心理一样，保持正常的状态，不致变形。它需要能攀爬、钻进钻出、上下左右蹦跳、挖洞和磨牙的东西。如果这些生理上的需要得不到宣泄，宠物兔可能会变胖，或是出现极具有破坏性的行为，如用家具来代替蹦跳、磨牙或钻进钻出的东西。

图 2-3　宠物兔变得沮丧

创新的玩具玩法可以让宠物兔对四周的环境保持兴趣，有机会去和四周的环境互动，不断地学习与成长，而这些都可以延长宠物兔的寿命。

玩具不只是为了宠物兔，同时也让你的家保持安全，挑选适合你的宠物兔年龄、性别、生产情形和个性的玩具，可以让宠物兔在家中制造混乱情形的概率降到最低。

17. 如何提高仔宠物兔成活率？

仔宠物兔的成活率低一直是困扰很多宠物兔饲养者的一个常见问题。有时仔宠物兔的成活率不仅低，而且还会出现整窝死亡的情况，这对于养殖者来说是很大的一个损失，尽管很多饲养者都会采取相应的措施，但是有时候效果仍然不是很明显。要保证仔宠物兔的成活率，需要注意以下事项：

（1）加强对母宠物兔的管理 仔宠物兔阶段的成活率及断奶后的生长发育速度均与胎儿期生长发育有着直接关系。胎儿期生长发育良好，出生后体重大、体质好、成活率高、生长发育快。胎儿70％以上的体重是在母兔妊娠后期生长发育而成的，加强妊娠母宠物兔后期的饲养管理是非常重要的，必须供给数量充足、营养丰富、适口性强、粗蛋白质含量在18％以上的优质日粮，让其自由采食，才能保证胎儿正常生长发育。如果供给的饲料数量少，蛋白质含量低，缺乏某种营养物质，将会影响胎儿的正常生长发育。

（2）做好产前准备 充分的产前准备是保证仔宠物兔成活率的一个重要环节。首先要保证良好的生活环境，不要过于嘈杂，如果母兔是在冬季产仔，那么一定要做好相应的保暖工作，提供适当的光照（可用灯光代替），做好消毒工作。

（3）提高母宠物兔的泌乳能力 仔宠物兔出生后因为身上无毛，闭眼封耳，缺乏调节体温的能力，12日龄前除了吃乳就是睡觉，生长发育快，体重成倍增长。为了保证母宠物兔具有较强的泌乳能力，需要加强营养，每天除供给蛋白质、矿物质、维生素含量丰富的混合精饲料外，还需供应新鲜的青绿多汁饲料及添加草药进行催乳，如干草、蒲公英等。

（4）尽量让仔宠物兔吃足母乳 母乳是保证幼仔宠物兔体质强壮的非常关键的一个环节。充足的母乳是提高仔宠物兔成活率的基础。对母宠物兔有乳不喂的要进行人工强制哺乳，方法是将母宠物兔放进产仔箱让母宠物兔哺乳，待哺乳完取出，经过几天训练后即可自行喂乳。

对产仔过多的要进行寄养。母宠物兔一昼夜哺乳一次，强壮的仔宠物兔每次都能吃到乳，弱小的却吃不上，会出现一窝宠物兔生长发育不匀的现象。母兔嗅觉灵敏，如果同窝中混有其他窝的仔兔，它能嗅出不是自己所生的仔宠物兔，不但不会哺乳，还会咬伤咬死寄养的仔宠物兔，所以寄养时需要将寄母兔的尿涂擦在寄养仔宠物兔身上，使其嗅不出是另外一窝的仔宠物兔。

（5）注意吊乳现象 一般情况下母宠物兔哺乳3～4分钟，哺乳结束就跳出巢外。吊乳多因一窝中仔宠物兔过多，吃不饱，哺乳时仔宠物兔叼住乳头不放，或因哺乳时突然受到惊动，以及因母兔患有乳腺炎时仔宠物兔吸乳引起疼痛等引起。发生吊乳时，若母兔突然跳出产仔箱，会将紧叼乳头不放的仔宠物兔带出箱外，造成冻伤冻死。

（6）防控疾病 一般情况下疾病是导致仔宠物兔死亡的一个重要原因。要防控疾病，首先要做好的就是保持环境卫生，防止病原传播；其次是做好冬季保暖、夏季防暑，避免环境温度对仔宠物兔的健康造成危害。

18. 如何护理初生仔宠物兔？

成年宠物兔有个习性，就是不喜欢成天待在宠物兔窝内。但是初生的小宠物兔会习惯待在窝内，它们会用小爪子在窝内朝下抓扒，有时会钻到垫料的最下面。

饲养者需要为小宠物兔准备干净、干燥、通风的居住环境。对于刚进家门的新生小宠物兔，还需要准备球虫药预防球虫病，同时做好宠物兔的卫生工作。在小宠物兔幼儿时期，建议不要洗澡，防止其受凉生病。

饲养者为新生的小宠物兔准备新鲜、营养丰富的食物也非常重要。小宠物兔 20 日龄左右就可以进食了，此阶段宜少食多餐，每天要定时饲喂。饲养者可以为小宠物兔准备专业宠物奶粉。适合新生小宠物兔的食物主要有嫩青草、精饲料、豆浆、牛奶、豆渣拌米糠等。

新生的小宠物兔生命力很脆弱，对环境的适应能力也比较差，很容易受到外界环境的影响。为此，饲养者喂养新生小宠物兔，一定要做好环境清洁、饮食管理工作，密切关注新生小宠物兔的身体状况，一旦发现异常情况须及时处理，以保证小宠物兔的健康和生命安全（图 2-4）。

图 2-4　初生仔宠物兔护理

19. 如何饲喂断乳幼年宠物兔?

刚刚断乳的幼年宠物兔体内仍然留有母乳提供的充足养分，所以体质不差，但是随着日龄增加，就须多注意，否则死亡的概率会比较高，尤其是夏季断乳仔宠物兔死亡较多。因此为了保障幼年宠物兔的健康安全，无论是在幼年宠物兔的饮食上还是护理上，都应当多加留意。

（1）断乳时的体重要求 断乳体重根据宠物兔的品种和成年后的大小而不同，一般为 500～600 克。幼年宠物兔的生长发育在很大程度上取决于早期增重，与哺乳期密切相关。断乳体重大的仔宠物兔，后期增重速度也比较快，更容易抵抗断乳带来的应激。而断乳体重越小，断乳后饲养起来越困难，增重也越慢。母乳对于仔宠物兔来说是相当重要的，是否吃到充足的母乳与其日后的体质也有着一定的关系，在母宠物兔哺乳期间适当加大喂食量，可喂食一些促进母乳分泌的食物，适当地做运动。这就需要在提高母宠物兔泌乳力、抓好仔宠物兔补料、调整仔宠物兔体重和母宠物兔的哺育仔宠物兔数等几个环节把好关。

（2）断乳关键期 仔宠物兔断乳后，环境和饲料的过渡很重要。如果处理不好，在断乳后 2 周左右可能成批发病、死亡，并造成增重缓慢或减重，甚至停止生长。断乳后最好原笼原窝在一起饲养。如果笼子的数量不够，需要改变笼子，同胞兄妹最好不要分开。切不可一宠物兔一笼，或打破窝别和年龄，实行大群混养。这样会使断乳仔宠物兔产生孤独感、生疏感和恐惧感。断乳后1～2 周内饲喂断乳前饲料，以后逐渐过渡到成年兔料。否则，突然改变饲料，2～3

天就会出现消化系统疾病。

（3）注意饲料问题 很多小宠物兔断乳后出现消化道疾病，主要原因在于饲料。由于断乳后的小宠物兔生长速度快，但是消化机能却发育得还不健全。因此，配制营养丰富、容易消化、预防应激的饲料至关重要。可适当添加酶制剂、微生态制剂等。严格把控饲料品质和存储环境。

（4）做好疾病预防工作 主要预防的疾病有球虫病、肠炎、呼吸道疾病（以巴氏杆菌病和波氏杆菌病为主）及兔瘟。球虫病的发生无季节性，应采取药物预防、加强饲养管理和环境卫生等措施；预防肠炎的关键是饲料的合理搭配、注意饮食卫生和环境卫生；预防呼吸道疾病应搞好宠物兔舍的卫生和通风换气，加强饲养管理，另外在疾病的多发季节应进行药物预防，并定期注射疫苗；预防宠物兔瘟应按照免疫程序注射疫苗。兔瘟的免疫程序，一般幼年宠物兔在35～40日龄首免，60日龄加强免疫一次，以后每半年一次。

特别要注意的是母宠物兔的喂乳情况。应尽量保证周围环境安静，以免母宠物兔因受到惊吓而出现食崽的情况。有些母宠物兔可能缺乏母性不喂仔宠物兔，或是幼年宠物兔无法找准位置吃乳，主人要适时辅助。不管是产前还是产后都应当注意母宠物兔的饮食，刚产完仔，还需要哺乳，母宠物兔生理负荷较大，要保证母宠物兔的健康及母乳的充足，给仔宠物兔的健康提供保障。

20. 夏天宠物兔要怎么养?

夏季天气炎热，动物易发生热应激反应，对于本来就怕热的宠物兔而言更难熬。宠物兔被毛浓密，无法透过皮肤散热，很怕热，因为缺乏汗腺，只有嘴边、鼠蹊部有少许汗腺，主要通过耳朵及呼吸与排泄调节体温。所以夏季必须采取相应降温措施进行防暑。下面就是宠物兔夏季防暑的一些做法：

（1）室外宠物兔笼必须注意设置隔热设施，可以在屋顶或笼顶搭凉棚或种植遮阳树、瓜类等。室内笼要做到通风对流，可通过架设电扇、屋顶或山墙安装换气扇等措施实现。通风不仅能驱散舍内产生和积累的热量，还能帮助宠物兔体散热，以缓和高温对宠物兔的不良影响。当室温超过 35℃时，可采用湿帘降温，同时加大气流，可增强降温的效果。

（2）夏季饲料要以青绿饲料为主，适当增喂精粗饲料，以脂肪代替部分碳水化合物，减少碳水化合物的喂量，这样可以减少宠物兔体的散热量。喂养时间应该早餐早、晚餐迟。天气凉爽时，宠物兔食欲较好。增加 2%淡盐水，维持宠物兔体营养消耗和酸碱平衡。供给充足饮水，水要清洁、温度低，有利于机体散热。

（3）勤打扫，搞好清洁卫生。地面与笼底每天要冲洗干净，减少病原。食具每天清洗干净，定期消毒。要经常消灭蚊子、苍蝇，防止刚剪毛和初生仔宠物兔过多地受蚊子叮咬而感染疾病。

（4）宠物兔的运动应安排在早晨，日出后转移至笼子里。高温季节应全身剪一次毛，尽量做到带短毛度高温，以防受热中暑。

（5）无条件的饲养者不要安排在高温季节繁殖。母宠物兔妊娠后，新陈代谢加强，产热量也相应增加，从而加重了宠物兔体散热的负担，因此，在高温季节不要配种繁殖。

21. 冬季如何为宠物兔保暖？

宠物兔是非常可爱的动物，肥胖的身体，大大的耳朵，萌萌的三瓣嘴，这些都是它独有的特点。宠物兔身体上也长满了浓密厚实的被毛，看起来它应该很暖和，应该不怕冷。然而在实际生活中，宠物兔到底怕不怕冷呢？冬天的时候又应该如何给它保暖呢？你知道吗？

如果按照宠物兔的生活习性，它们应该是怕冷的，不管是家养的还是野生的都惧怕寒冷。当然，野生宠物兔因为常年的环境历练，它们更能适应较为恶劣的环境，而家养的宠物兔在这方面可能要弱一些。

宠物兔生活适宜的环境温度是 15～25℃，健康壮硕的宠物兔还能适应 10℃或者以下的温度。当然，有时候把宠物兔放在温度为 5℃的环境中，它也不会有异常。但是值得注意的是，宠物兔不适合生活在过低的环境温度中。例如，不要让宠物兔长久待在 5℃或者是更低温的环境中。

因此，在寒冷的冬天，一定要为宠物兔做好防寒保暖措施。例如，为它准备一个温暖的宠物兔窝，不要将它放置在寒冷的风口，还可以在阳光温暖的时候带它去进行日光浴。千万不要给宠物兔洗澡。

22. 宠物兔可以和猫一起养吗？

猫是最有可能和宠物兔形成良好关系的宠物。但是，无论宠物兔与猫已经相处了多久、关系有多好，永远不要让它们在无人监管的时候一起玩耍，因为哪怕只有短暂的一会，宠物兔都有可能受到伤害甚至被致死。

（1）不要把猫和兔子关在同一个笼子里。猫喜欢干净，而兔子随地大小便，如果把猫和兔子关在笼子里养，很容易导致猫生病。兔子可以先关在笼子里，以免被猫咬伤。

（2）给猫和兔子修剪趾甲。定期修剪猫、兔的趾甲，防止被尖锐的趾甲划伤。

（3）要给猫和兔子定期注射疫苗、驱虫避免互相传染。

23. 宠物兔可以和狗狗一起养吗？

狗狗天生是一种较爱争宠的动物，当主人买了宠物兔回家后，它们一定会因此产生妒忌心。为了使它们能融洽相处，主人首先可以把狗狗关在笼里，然后温柔地跟它说话，若它不停地吠叫，便需喝止它，同时把宠物兔抱到它面前，让它们先互相见面熟悉。然后，将狗狗放在左大腿上，右大腿则放着宠物兔，使它们通过互嗅对方的气味而熟悉起来，改善双方的敌对态度。最后，让它们一起在屋中玩耍，通过相处增进友谊。不过，要说明的是，此方法只适合一些小型的狗狗，家里养大型狗狗的最好不要做这方面的尝试。

24. 宠物兔喜欢哪些食物？

宠物兔喜欢的食物很多，大致列举如下：

（1）蔬菜类　胡萝卜、甘薯、洋白菜（卷心菜）、黄瓜、萝卜叶子、南瓜、青菜。喂食蔬菜时必须洗净后沥干水再喂。

（2）水果类　橘子、香蕉、葡萄、苹果、草莓。喂食水果时要适当减少宠物兔的饮水量，以调节水分的吸收。

（3）青草类 荠菜、车前草、蒲公英、鹅肠菜等。

（4）其他食物 豆腐渣等。

25. 哪些食物宠物兔不能吃？

下面列举的食物基本都是人们常吃的，很多宠物兔主人也很容易随手就将人的食物喂给身边那只可爱的宠物兔，但其中很多是不适合给宠物兔的。

（1）蒸煮过、油炸和冷冻的食物 宠物兔是吃生食的，油炸食物则愈加不适合。冷冻的食物会让宠物兔的肠胃非常不适应而发生腹泻。如果蔬果等食物刚从冰箱中取出，一定要放至室温才能给宠物兔吃。

（2）腐败的食物 宠物兔的肠胃异常脆弱，千万不可喂食腐败的食物。腐败食物不仅营养成分流失，而且会产生亚硝酸盐、霉菌毒素等有毒有害物质。

（3）巧克力、咖啡 含有生物碱，会引起中毒。请务必留意不要让宠物兔误食。

（4）糖果及其他甜食 高热量、高糖分容易使兔肠道菌群紊乱而产生胀气或蠕动变慢，是引起肠道炎症的隐忧。另外，甜食可导致其过度肥胖，还会使宠物兔患上蛀牙。

（5）辛香类蔬菜（大蒜、洋葱、韭菜、葱、辣椒等） 这些刺激性食物不可用来饲喂宠物兔。

（6）肉类 宠物兔是草食动物，它们的消化系统无法消化和吸收肉类。若不慎食用，易引发胃肠道梗阻、坏死。

（7）饼干、面包（不管是否含肉制品成分） 碳水化合物含量较高，易引发胀气；内含酵母可能引发死亡；所含油分、糖分、盐分也不适合宠物兔食用。

（8）零食 不仅其中的糖分、盐分等不适合宠物兔，而且其中的添加剂、调味剂和色素等也会损害宠物兔的身体。

（9）玉米、花生 很容易霉变产生毒素，不要直接喂给宠物兔。

（10）坚果、干果（例如杏仁、瓜子、核桃等） 可以少量食用，但此类食物植物油含量过高，宠物兔不需要摄入如此高的油脂，所以一定要很少食或不食。

（11）酸奶 健康的宠物兔不需要补充益生菌。有人给宠物兔喂酸奶是为了给它补充益生菌，但宠物兔不能很好地消化酸奶，酸奶中的益生菌也未必能够起作用。

（12）谷类 可以少量食用。大麦和小麦是宠物兔粮的原料，而谷类热量高，不宜多吃。宠物兔粮已可基本满足其营养需求，没有必要再补充谷类。

宠物兔可食用的零食很少，最好的零食是新鲜的蔬果。水果的糖分含量很高，只能少量喂给。

26. 哪些草和菜不能给宠物兔吃？

宠物兔能吃的草本类植物有很多，没有毒的草一般都会吃，有毒的草不能吃，有些外观比较相似但不是同一种草的要更加注意，不能误喂给宠物兔。实践证明，有些草和菜不能喂宠物兔，以免引发中毒死亡现象。

（1）在任何情况下都不可喂的有毒青草、野菜 如土豆秧、西红柿秧、落叶松、金莲花、白头翁、落叶杜鹃、野姜、飞燕草、蓖麻、狗舌草、乌头、斑马醉木、黑天仙子、白天仙子、颠茄、水芋、骆驼蓬、曼陀罗花、野葡萄秧、狼毒草等。

（2）有些青草与青菜在生长发育某一阶段饲喂易引起中毒 例如，黄、白花草木樨在蓓蕾开花时有毒，荞麦、洋油菜在开花时有毒，亚麻在籽粒、冠茎成熟时有毒，均不可喂宠物兔。土豆芽喂宠物兔易引发中毒等。

（3）忌用堆闷发黄的蔬菜 用堆闷发黄的蔬菜喂宠物兔，易使宠物兔发生亚硝酸盐中毒，严重的可致宠物兔死亡。用蔬菜喂宠物兔时一定要保证新鲜，且每次的喂量不要过多，最好与其他饲料搭配饲喂。

（4）忌用十字花科蔬菜喂宠物兔 十字花科的蔬菜主要有芥菜、油菜、小白菜、包心菜和萝卜等，这些蔬菜中含有一种名为芥子酸的物质，它能生成一些促使甲状腺肿大的毒素，严重损害宠物兔的肝、肾。

（5）哺乳母宠物兔不能食用的青草、野菜 秋水仙、草玉梅、药用牛舌草、酢浆草、野葱、臭干菊、弧开山芥、芦苇、艾菊等。母宠物兔食上述植物后，乳中带有难闻气味，仔宠物兔吃乳后会中毒、死亡。

（6）其他 玉米苗、高粱苗、秋后再生的二茬高粱苗也不可喂宠物兔。

27. 必须要给宠物兔提供草吃吗？

宠物兔属于食草性动物，必须要给宠物兔提供草吃，但是，并不是说所有的草都适合作为宠物兔的主食，一般只有粗纤维含量较高、粗蛋白质含量稍低的干草才适合作为宠物兔的主食（图 2-5）。粗纤维对于宠物兔而言是一种较为重要的营养物质，起着重要的作用。

宠物兔的盲肠很长，必须保持蠕动，粗纤维是促进其肠道蠕动的最好物质。粗纤维可增强肠胃蠕动，促进营养物质吸收，对粪球的形成和排出起着非常重要的作用。过低的粗纤维摄入造成肠胃蠕动偏弱，产生便秘、消化不良、胀气、积食等消化疾病。有的食草动物是复胃动物，能反刍，通过二次咀嚼吸收营养进一步消化。而宠物兔是单胃动物，不能反刍，食物中没有发酵完全的营养物质经过盲肠生成软便被排出体外，宠物兔在体外再次将其食入，进行再次消化利用。软便里面含有很多未消化的营养物质和微生物。如果喂太多的精饲料会造成宠物兔营养过剩，宠物兔拒绝食用盲肠便，会造成营养物质的不完全吸收和肠道内菌群失衡。所以在食物的搭配上以定量的精饲料＋不限量的高粗纤维的干草为最佳。

可见，粗纤维在宠物兔的生活当中起到了非常重要的作用，尤其是对于宠物兔的肠胃非常有利，它不仅能够帮助宠物兔更好地吸收营养，而且能促进消化，是不可或缺的营养物质，因此，必须要给宠物兔提供高粗纤维含量的干草。

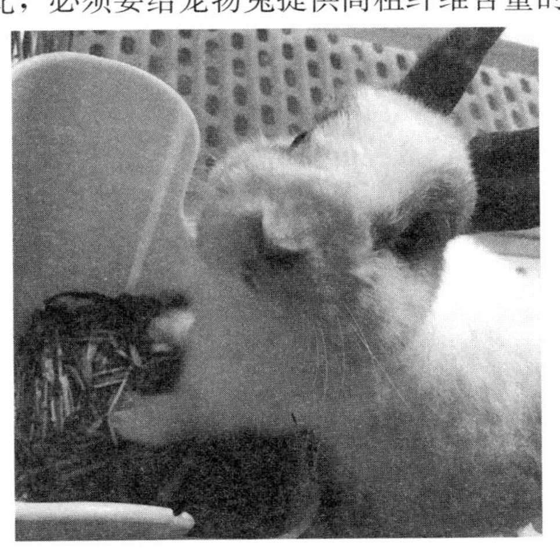

图 2-5　为宠物兔提供高粗纤维含量的干草

28. 怎样提高宠物兔的食欲?

当宠物兔食欲不振的时候，主人会很担心，这个时候可以试试下面这些方法。

（1）买些有味道的牧草，例如选择部分薄荷口味牧草来增加宠物兔的食欲。

（2）增加宠物兔的活动空间，让它们进行充分的活动锻炼，只有消耗能量才会刺激食欲。

（3）在饲料中添加少许蔬菜或水果。

（4）夏季最好把宠物兔笼放在有空调的房间，环境温度的降低能激起宠物兔的食欲。

（5）适时适当地喂食宠物兔一点甜食，如用一小滴蜂蜜给宠物兔舔一下，以增强宠物兔的食欲及嗅觉。

（6）让宠物兔有变换食物的感觉，如第一天早上喂干饲料，晚上喂牧草；第二天早上喂少许蔬菜水果，晚上喂干饲料；第三天早上喂牧草，晚上喂少许蔬菜水果，轮流变换，让宠物兔对食物总是有新鲜感。

（7）让宠物兔有更多的同伴，能增加它们的活动量，进食时会有争抢行为而增强食欲。

29. 如何挑选宠物兔粮?

人工饲养宠物兔一般都会选择喂食宠物兔粮。宠物兔粮是专门为宠物兔提供的营养食品，介于人类食品与传统畜禽饲料之间的一种动物食品。其作用主要是为宠物兔提供最基础的生理、生长发育和健康所需的营养物质。具有营养全面、消化吸收率高、配方科学、质量标准、饲喂方便以及预防某些疾病等优点。宠物兔的营养补充剂不能不吃也不能多吃，每个月控制在1～1.5千克就可以，多吃无益。其余比较常见的宠物兔粮有：

紫花苜蓿草：为6个月以下未成年的宠物兔和妊娠宠物兔必备牧草，含大量的蛋白质和钙质，能补充身体所需的营养。但是食用过多会出现尿钙的现象，这是身体不需要的钙质。如果出现尿钙，可以少给或者不给苜蓿。苜蓿草的用量不宜多，需灵活掌握，如果宠物兔过瘦可以多喂几个月，过肥就提前断喂。

提摩西草：是不分年龄段全天候无限供应的牧草。含大量纤维素，能促进肠道蠕动。提摩西草也有一定的磨牙效果。

果树草：不是必需的。如果宠物兔无法接受提摩西草，也可以尝试一下果树草。果树草含32%的纤维，适口性较好，但是磨牙效果不佳。

燕麦草、黑麦草：不是必需的。这些麦类草的穗子含淀粉，有的宠物兔吃了胃肠会胀气，所以要注意用量。可以用来更换兔粮口味。

30. 在选择宠物兔粮时，应注意哪些事项?

首先，请选择标示清楚、品质良好稳定的宠物兔粮，只有这样宠物兔的健康安全才有保障。以下是适合宠物兔的饮食成分标准：纤维12%～25%（18%以上较好，20%～25%最好）；蛋白质14%～16%（幼年宠物兔或活动量大的宠物兔蛋白质需求为16%～22%）；钙质不要高于1%；脂肪1%～2%。

其次，宠物兔不需要动物性脂肪，而且它们的身体也不能够吸收动物性脂肪。宠物兔对脂肪的需求量很小，1%～2%的含量对大多数宠物兔而言已经足够。宠物兔和人类一样，摄食过多动物性脂肪中的胆固醇时，会引发动脉硬化等疾病。

如果选到了更好的宠物兔粮，想要为其换粮时，要注意逐步替换、循序渐进。不要直接将新宠物兔粮完全替代之前的宠物兔粮，突然换粮会导致宠物兔因为不适应而生病，最常见的就是消化系统疾病。若宠物兔发生胃肠道疾病，治疗不及时、不正确，甚至可能引起死亡。

31. 需要给宠物兔喂水吗?

任何动物的生存都离不开水，宠物兔也是如此，饮水可帮助宠物兔代谢。

在养宠物兔的过程当中，一定要为其提供足够洁净的饮水。例如煮沸过的凉开水、纯净水、蒸馏水、矿泉水，切勿给宠物兔喂自来水。最好使用宠物专用饮水器。如要使用水盆水碗，一定要保持水盆或水碗干净，每天清洗换水，定期消毒。

宠物兔的饮水量会因季节、所采食的饲料品种以及自身的生理状态等有所变化。例如冬天饮水量比夏天少；饲料吃得多时，饮水量就多；产仔的母宠物兔饮水量相应会增加。

32. 可以给宠物兔喂零食吗?

虽然零食不能经常喂食，但是零食的确是在饲养宠物兔过程中不可或缺的必需品，除了能够调节一下口味之外，也能适当地改善宠物兔厌食的情况。不仅如此，零食也是训练宠物兔过程中的奖励食品。此外，零食也能促进主人和它们之间的感情交流。零食的营养成分一般不够全面，要注意合理喂食。

33. 需要给宠物兔吃盐轮吗?

盐是宠物兔生长发育不可缺少的矿物质。断乳幼年宠物兔每昼夜需盐 0.3～1.5 克。如果日粮中缺盐，宠物兔的食欲会出现明显下降，抗病力也会减弱，影响其生长发育。

一般家养宠物兔以宠物兔粮为主食，宠物兔粮中就含有盐分，足够满足所需，不需要再额外补充盐分。如果宠物兔不是以宠物兔粮为主食，可以喂给它一个盐轮，它会自己舔食盐轮。

34. 光照对宠物兔有哪些影响?

宠物兔需要一定的光照。阳光不仅能够杀灭它们被毛表面的细菌，同时还能促进钙质的吸收，但过多的光照对于宠物兔的健康也会有一定的影响，要合理安排。

(1) 光照对性成熟的影响 短光照尤其是持续黑暗会抑制生殖系统发育，使性成熟延迟。延长光照可促进生殖器官发育，刺激性成熟。光照的这种影响通过松果体起作用。视网膜感受到光刺激后，调节支配松果体神经的活性，释放一种递质，控制松果腺形成 5-羟-吲哚-邻甲基转移酶，控制褪黑素的合成。腿黑素主要是在黑暗下合成，可抑制垂体合成和释放促性腺激素；延长光照可减少褪黑素的产生，减少其对促性腺激素分泌的抑制作用，从而影响繁殖机能。生产中发现，春季出生的仔宠物兔出生后处于日照时间延长的环境，其性成熟时间较秋后出生的仔宠物兔提前1～2周。

(2) 光照对繁殖的影响 光照对繁殖的影响较大。宠物兔舍内每天光照14～16小时，光照每平方米不低于4瓦，有利于繁殖母宠物兔正常发情、妊娠和分娩。公宠物兔喜欢较短的光照时间，一般需要12～14小时。持续光照超过16小时，将引起公宠物兔体重减轻和精子数减少，影响配种能力。

(3) 光照对生长和被毛的影响 光照对于生长和被毛都有一定影响。光照由于有助于性腺的发育，可促进宠物兔的性成熟。光照可刺激皮肤新陈代谢，有助于被毛生长。

宠物兔每年进行两次季节性换毛，分别是春季的3—5月和秋季的9—10月，即日照时间由短变长和由长变短均会发生被毛的脱换现象。由短变长时，开始生长夏毛；而由长变短时，开始生长冬毛。

(4) 光照对其他方面的影响 光照与温度和湿度有一定的联系。充足的光照可以保持宠物兔舍干燥，还能抑制病原的繁殖。而黑暗的环境往往潮湿污浊，易滋生病原和寄生虫。一些疾病，尤其是寄生虫病（如疥癣病、球虫病）和真菌病（如皮肤霉菌病，尤其是小孢子真菌皮肤病），与宠物兔环境的光照、湿度和温度有直接关系。光照不充足，湿度大，温度高，易导致这些疾病的发生和传播。

35. 如何控制光照？

养宠物兔多以自然光照为主，人工光照为辅。为了让宠物兔得到良好的生长发育所需光照，往往需人工进行补充，即根据当地日照时间，将不足部分人工补充到所需时长和强度。如某地区冬季光照时长 11 小时，而母宠物兔繁殖需要 16 小时，二者差距 5 小时，那么人工补充 5 小时即可。可采取早补（即日出前补充 5 小时）或晚补（即日落后补充 5 小时），也可以早晚补（即日出前和日落后各补充一定时间）。

合理的光照对宠物兔的生理、健康及生活环境的改善都有很大帮助。可以适时让宠物兔出笼晒晒太阳，运动一下，每次时间也不要过长，尤其是夏季，以免引发脱水等不良反应。

36. 宠物兔笼需要放脚垫吗？

不是所有宠物兔笼都需要放脚垫，只有那些用铁丝网作底板的宠物兔笼才需要放脚垫。对于用塑料、橡胶等材料作底板的宠物兔笼就不需要再用脚垫。

对于铁丝网作底板的宠物兔笼，垫脚垫最主要的好处就是可以有效预防宠物兔脚底脱毛患上脚皮炎，可确保宠物兔爪子不被笼底卡住。

选择脚垫时，应注意材料要牢固，不易被啃坏；能使排泄物轻易掉落到宠物兔笼底盘，便于清洁；可以固定到铁丝上，不会轻易位移。

37. 带宠物兔散步需要注意什么？

（1）宠物兔善跑跳，一旦奔跑，很难追上，出门时须给宠物兔戴上牵引绳（图 2-6），以免走丢。如果担心宠物兔被踩到，可以将宠物兔装进宠物兔笼，一起带出去。

（2）宠物兔呆萌可爱，时常会吸引很多人与它玩耍。不了解宠物兔的人可能会喂食自己吃的零食，要及时婉拒别人的好意。

（3）避免让宠物兔长时间吹风，以免感冒。

（4）现在随处都可以看到宠物犬和宠物猫，为防止它们伤害到宠物兔，一定要看护好宠物兔。

图 2-6　外出散步时为宠物兔戴牵引绳

（5）草丛中很容易有流浪犬、猫等动物身上掉落的虱子、跳蚤等寄生虫或有害细菌，所以不要将宠物兔放在草丛中。

需要注意的是，如果频繁带宠物兔外出散步，会导致宠物兔喜欢在外面玩耍，而不喜欢待在笼子里，因此外出玩耍需要适度。此外，冬天天气寒冷，带宠物兔外出需要格外注意，以免生病，如感冒。

38. 带宠物兔外出玩耍需注意哪些事项？

（1）宠物兔出现胆小、趴在主人怀里一动不动、颤抖、紧张、害怕等状况时，要马上停止外出，立即返家（图 2-7）。

（2）外出玩耍时一定要看好宠物兔，小心汽车及附近的猫、犬，若有猫、犬接近，要及时把宠物兔抱起来。

（3）外出玩耍时间不宜过长。

（4）外出玩耍要警惕草地上跳蚤、蜱虫等的叮咬。

如果是兔友聚会，要注意发情期宠物兔的互相追逐，以免导致意外繁殖，还要注意一些皮肤病、传染病的传播。

图 2-7 宠物兔在室外出现紧张、害怕状况

第三章 宠物兔的调教与训练

39. 宠物兔不喜欢被抱着怎么办?

饲养宠物兔的主人一般都会想要抱一抱它。主人会以人类的角度看待抱宠物兔这件事，自以为抱着它会让它觉得很舒服，可事实并非如此。如果宠物兔不喜欢被人抱着，该怎么办呢?

首先，我们要了解宠物兔为什么不喜欢被抱?因为宠物兔四脚离地后会感觉很不安全，我们把它们从地面提起来的样子很像空中的老鹰捕捉到了它们，所以宠物兔会拼命挣扎，想要重返地面。

抱宠物兔的正确方法是：首先用手抚摸宠物兔的脑袋，让它安静下来。我们能摸到宠物兔后颈部有一块比较松软的皮，然后用一只手向后压住耳朵，将耳朵与后颈的皮肤一同抓牢，提起后用另一只手迅速拖住宠物兔的臀部，让大部分体重受力于你的手掌，并将其背部靠近你的身体，增加它的安全感，同时也能避免被它抓伤，顺势将它抱在怀里。

把宠物兔从笼子里抓起来后，就可以把它抱在胸前。动作熟练后，就可以慢慢用前臂代替手掌托住其臀部，这样，宠物兔能稳稳地躺在你的怀里，你就可以腾出一只手来抚摸它了。

被抓来抓去或挪来挪去会让宠物兔觉得很紧张，而用手抚摸它的头及后背则能使其放松下来。我们甚至可以温柔地和它说说话。抱着宠物兔的时候，不要做很突然的动作。抱完后，把宠物兔放回笼子。如果你想把宠物兔放在笼子门口，就轻轻将胸部倾向笼子，然后把宠物兔放到门里面。如果宠物兔笼是上面敞口的话，只要将其轻轻放低就可以了。当身体降到宠物兔够得着的高度时，就用手指垫着前后肢的腋窝，然后将它慢慢放到地面上，放开它。

多次练习后，我们抱宠物兔会越来越娴熟，宠物兔也会慢慢习惯。如果宠物兔使劲挣扎，就把它放下来，不要粗暴地对待它，让它安静地待一会儿，过一会再尝试。有时候，遮住宠物兔的眼睛也能让其平静下来。刚出生的宠物兔不能抓背部，否则它将无法呼吸，一定要牢记这一点。如果宠物兔开始咬人或刨东西，那就说明它不太喜欢被抱着，也可能是抱着的姿势让它不舒服，这时可以调整一下，或是将其放下。

放下的时候动作要轻，不要直接丢下来，这样很容易让它受伤。宠物兔挣扎的时候要先稳稳地抓住它，等它平静下来，再把它放下来。宠物兔的脊椎很脆弱，如果它们挣扎厉害，它们强有力的后腿就可能伤到脊椎。所以抱宠物兔的时候要托住它们的后腿，也是为了防止被它们蹬伤。

40. 宠物兔的哪些行为代表它心情较好?

宠物兔最常见的轻松惬意的行为，一个是拉长身体躺下来或者侧躺；还有一个更明显的行为就是打哈欠，拉长身体伸懒腰。若看到这样的行为，那它肯定是很放松、很舒服的。

宠物兔在房间里或者在大笼子里奔跑、跳跃、乱窜，这是好心情的表现。宠物兔平地跃起，在空中甩耳朵、抛头、扭腰，落下，飞速地蹦和跳，如此动作反复多次，这是宠物兔所特有的“兔舞”。宠物兔能跳舞，代表宠物兔非常开心，其兴奋之情无以言表。

41. 如何训练小兔子认识主人?

主人可以在平时多和兔子玩耍或者是经常饲喂一些兔子爱吃的东西来增进感情，例如提摩西草、兔子零食等都是促进沟通的极佳物品，并且可以让兔子尽快熟悉主人的气味儿。当兔子表现出不再害怕主人，接受主人的抚摸，不会逃跑，也不会吓得发抖、呼吸急促，当主人回家后愿意主动靠在主人身边，蹲在主人的脚边干自己的事时，即已认识主人。

42. 如何训练宠物兔使用滚珠饮水器?

随着对养宠物兔知识的不断学习，人们已经认识到了宠物兔饮水的重要性，一些购买了宠物兔笼的主人也购买了干净好用的饮水器。如何训练宠物兔使用滚珠饮水器成为一个难题。绝大部分宠物兔因为口渴会在笼子里寻找水源，并且很快就习惯了用饮水器饮水。

宠物兔不会用滚珠饮水器的原因可能有以下三个：

（1）不知道饮水器是什么　在人们看来，无论饮水器的大小或内部结构有什么差异，外形看起来都差不多。但是宠物兔的视觉和人类不同，所以，在人们看来理所应当的事情对它们而言未必也是如此。拿着滚珠饮水器逗宠物兔是个不错的办法，让宠物兔知道在哪儿可以饮到水。

（2）不锈钢嘴出水不畅或水太凉 因为滚珠饮水器是通过转动滚珠出水的，出水不如真空饮水器那样顺畅，舒适度相对差一些；气温低的时候不锈钢会冰手，冬季使用滚珠饮水器也会出现同样的情况。

（3）钢珠的声音令宠物兔害怕 宠物兔喝水时，壶嘴里的小钢珠会跟着转动，发出声响。有些胆子很小的宠物兔会被吓到，离饮水器远远的，拒绝使用饮水器。两天左右宠物兔就会习惯，不用太过担心。

对于刚开始使用滚珠饮水器的宠物兔，有一个方法很管用：在水里加入少许白糖（蜂蜜也可以），然后放到宠物兔嘴边，让糖水滴到宠物兔嘴里，宠物兔抗拒不了“甜蜜的诱惑”，会主动去舔壶嘴。要注意的是，当宠物兔学会用饮水器以后就不要再这么做，不然会造成宠物兔蛀牙。

43. 如何培养宠物兔良好的排泄习惯？

通常来说，训练宠物兔排泄的最佳时间是3月龄左右。这个时候，宠物兔比较温驯听话，年龄小，好训练。随着年龄的增长，尽管宠物兔的学习能力在不断提高，但性格却变得越来越固执，行为也相对固定，因此很难驯服。

一般来说，宠物兔会在固定的地方排泄，除非是染上了疾病导致的大小便失禁，因此可以利用这一特点培养它在便盆内排泄，便于清理，保持环境卫生。

首先，找一个大小适合宠物兔的容器（或买市场上出售的宠物兔厕所）放置在笼内或笼外合适的地方，铺好垫材（木屑、猫砂均可），然后，把一些宠物兔的粪便放在里面，宠物兔闻到气味后，就会在这里排泄。

通常宠物兔睡醒后或玩累后就想排泄，这时可以直接抱它去厕所，等宠物兔顺利“如厕”后用夸奖的语气表扬它，拍拍头或给它点儿菜叶奖励。当宠物兔学会自己上厕所时，别忘了称赞和鼓励它。

万一宠物兔的“学习成绩”不太好，也不要气馁，可以重复训练。每只宠物兔的学习能力和记性都不一样，有的宠物兔训练起来不那么容易，需要足够的耐心。如果发现它不在那里排泄，就必须把它的排泄物及时清理掉，并喷上除臭剂，消除气味，避免宠物兔受到气味影响。经过一段时间的训练，肯定会养成在固定地点排便的习惯。

请记住，只有你的爱心和疼爱才会让宠物兔愿意并且高兴养成良好的排泄习惯。

44. 如何训练宠物兔养成回笼习惯?

宠物兔一放出来就不愿意回笼子，主人费劲把它关回去，说不定会让宠物兔产生反感情绪。要想让宠物兔自己回笼，首先要让宠物兔意识到只有笼子才是自己的家，是最安全的避风港，宠物兔的所有饮食排泄都要在笼内完成。

宠物兔到新家之后，需要一段时间适应笼内生活。当然，为了健康，每天也需要放出来运动。我们将运动的时间缩短、次数增加就可以了（图 3-1）。

宠物兔有定时、定点吃东西的习惯，我们可以在吃东西之前把宠物兔放出来，待到开饭之前（即运动快结束前），在笼内放上宠物兔爱吃的食物，这样的话，吃饭的时间到了，宠物兔就会因为饿而自己回笼找吃的了。

图 3-1　宠物兔出笼运动

还可以采取“堵”的办法，即在其他地方放上障碍物，只给宠物兔留一个唯一回笼的通道，待运动结束后，只要稍微一赶，宠物兔就会自己回笼。时间长了，待宠物兔学会自己回笼后，就可以撤掉障碍物了。

宠物兔笼里要随时保持清洁，不要留下其他宠物兔的气味。宠物兔很聪明，只要我们耐心诱导训练，学会回笼不是一件困难的事情。

45. 如何训练宠物兔的记忆力？

宠物兔虽然没有宠物犬、宠物猫那么高的智商，但是也比较聪明。宠物兔有着很强的记忆能力，根据专家研究分析，宠物兔的聪明才智相当于 2～3 岁的小孩子。它能记住人们同它说话的大致内容和含义，也能记住驯养者所训练的内容。

经常和主人交流的宠物兔都能听懂主人的话。例如吃饭、睡觉、回窝、奔跑、跳跃等。宠物兔不是真正明白语言的含义，但是它会记住你说话的语气和声音的大小，依此来判断你说话的含义。从你的语言中明白它应该怎么做和不应该怎么做。

只要你允许宠物兔做过某些事情，或者阻止过宠物兔做过某些事情，宠物兔都会详细地记清楚，依此来规范自己的行为。宠物兔的外表给人一种可爱温驯的感觉，但是它也有倔强难以驯养的时候。

驯养宠物兔，让它拥有更强的记忆力，无疑需要多和它沟通交流。或者带宠物兔去更多新的场所，接触新的人和事物，让宠物兔在日常生活中提高它的记忆能力。

46. 宠物兔的日常训练有哪些?

在家里饲养了小宠物，总是希望它和我们的关系更好。适当地训练宠物可以让它更好地适应居家生活。每只宠物兔的个性是不一样的，开始不要对它有太大的期望，也不要因为它做得不好去责打它，我们要做的是更有耐心地训练。宠物兔不是宠物犬，服从性不会那么强，不会在短暂的一周之内学会一样东西，不过只要你能坚持就一定会收到成效。

（1）让宠物兔记住自己的名字，随喊随到 事实证明，宠物兔是知道自己的名字并且能够记住的。你一定要固定一个名字，最好是重音，方便宠物兔记忆，然后就有意无意地轻叫它的名字，一旦有反应一定要及时给予奖励。这里要注意的是你的宠物兔是不是到了可以吃零食的年龄。幼年宠物兔可以给予一颗宠物兔粮或者一根苜蓿来奖励。坚持不到一个月，宠物兔就可以记住它的名字。

（2）放宠物兔出来玩后自己回笼子 很多宠物兔因为在

笼子里待久了一旦放出来就会很疯，甚至都不愿回笼子，每次都要主人在后面撵很久还不回笼子。在你想让宠物兔回笼子的时候一定要有固定的动作，可以轻拍臀部，刚开始可能比较困难，多试几次你就会掌握诀窍。当宠物兔被赶回笼子之后也要给予奖励，让宠物兔知道玩过回笼子也是有奖励的，下次就会更容易。

（3）亲自帮宠物兔剪趾甲 不建议带宠物兔到宠物店让陌生人帮着剪趾甲，因为宠物兔不像猫、犬，胆子很小，见到陌生人时会高度紧张，所以自己剪是最放心的。有的人认为剪趾甲要从小训练，当然训练宠物兔任何时候都可以。在帮宠物兔剪趾甲之前一定要和宠物兔搞好关系，之后才能不被踢伤。很多主人都会帮宠物兔按摩，在按摩的同时试着帮宠物兔按摩它的爪子，时间久了宠物兔对主人摸它的脚就不会有大的反应，剪趾甲也会非常容易。

（4）宠物兔犯错误的时候一定要及时给予教训 当然不是让你把宠物兔暴打一顿，那样只会让它更怕你。比如，如果它每次都喜欢钻到角落里啃咬东西，要当场抓住它，抓出来之后打它两下（力度要自己掌握好），然后开始训斥它，最重要的是之后要冷落它一会儿，让它意识到自己犯错误了，不要刚打完就又摸它、抱它或亲它，那会让它分不清你是生气还是和它玩，它以后就不听话了。犯错误一定要当场抓住，如果错误已经犯下了，你又没有及时看到，之后再去打它，只会增加它对你的恐惧感。

47. 如何应对宠物兔的攻击性问题？

尽管我们很少会看到宠物兔发脾气甚至是攻击人，但是

“兔急了会咬人”这句话的确是有依据的。在有攻击性的宠物兔中，99%不是因为基因上的问题，而是有行为方面的问题。帮助修正有攻击行为的宠物兔的第一步就是找出到底是什么让它发作。

常见的宠物兔攻击行为有：

（1）转圈、骑到人身上以及咬人 这些都是宠物兔求爱失败的典型行为特征。一开始你可能觉得可爱，但这可能会演变成令人不悦的习惯。结扎后的公宠物兔和母宠物兔的攻击行为可以大大减少。

（2）将其拉出笼子时会咬人 因为宠物兔也是相当具有地域性的，所以尽量不要强制将其拖出笼子，它需要有一个属于自己的空间。把门打开，让它自己自由进出。等到它离开笼子的时候再做清理，换水。一段时间之后，我们可以尝试在它的笼子里摸它，但不要抓住它或是弄乱它的东西。最好戴上手套，把你的手保持在它头顶的上方，然后冷静迅速地放到它的头上。如果它肯让你碰它的头，则可以很温柔地摸摸它。

有攻击性的宠物兔通常是很聪明的，宠物兔有自己的思考模式，我们要做的就是当它相信接近你时，让它得到你的关爱而不是对它的伤害。最后，它会把我们和善的言语、轻轻的拍打和热情联系在一起。

当然要让宠物兔真正发生思想上的转变，肯定是需要主人的耐心教导。这个过程所花费的时间可能比较长，但是只要坚持，一定会有所改善。不管我们做什么，都务必以喜悦、冷静的心情面对它们的坏脾气。宠物兔本身就比较胆小，我们做出过于激烈的反应反而会让宠物兔受到惊吓。多数宠物兔的脾气相对来说还是比较温柔的，很多不良行为可能与主人平时的饲养方式有关。所以我们同样要理解养宠物兔的相关方法，用正确的饲养方式来对待宠物兔，避免养成恶习。

48. 你知道怎样遛宠物兔吗?

宠物兔的主人有没有羡慕过遛犬、遛猫的小主呢？是不是也幻想过让自家的孩子在清爽舒适的时候，带着自己的宠物兔到户外逛逛？宠物兔可以遛吗？应该怎么遛呢？期间又要注意什么？

在宠物兔成长得较稳定，而且习惯被人抱之后再带出去遛会比较安全。由于宠物兔的习性是在清晨与傍晚活动，在夏天的炎热时段活动易引发热应激，冬天寒流也会对宠物兔造成很大的负担，所以主人务必慎选出门的时间。在出门前可预先勘查一下场地，规划安全的散步路线，寻找可以休息的场所。

带宠物兔出去遛弯，最好能给它准备一个宠物兔笼，在特殊的环境下，不能让宠物兔出来。如在路上行走的时候，为了防止宠物兔被踩伤，那么最好用笼子装着。等到了宽阔的草地，再将宠物兔放出来，但是也一定要使宠物兔一直在自己的视线范围之内。必要的时候，还需要用绳子控制宠物兔，让它始终保持在安全的范围。宠物兔暴冲的速度很快，要抓回逃跑的宠物兔是非常难的一件事（图3-2）。

带宠物兔遛弯还需要注意，在陌生的环境，或者碰到猫、犬、猛禽等可能危害宠物兔的动物时，一定要看护好宠物兔，不要让它与犬、猫等争斗。此时，也可以将宠物兔放

图 3-2 带宠物兔遛弯时预防逃跑

进笼内，防止它们受到犬、猫的伤害。

当然也要避免有人胡乱喂食宠物兔人吃的零食，或其他不适宜的食物。也别忘记随身携带清除宠物兔粪便用的袋子和铲子，做个有公共卫生素养的主人。同时，如果宠物兔钻过草丛，和流浪动物接触过，那么回家之前要先在外面用毛梳帮宠物兔清理身体，避免宠物兔身体脏脏的回到家中，或是带回虱子或跳蚤，或是皮肤病。回家之后也要及时做好驱虫和护理，以确保宠物兔干净、健康。

还需要注意，在夏季闷热、冬季阴冷潮湿的天气里，不要随便带宠物兔到户外散步，以免兔受热中暑或着凉生病。同时，生病的宠物兔不能随便带它出去散步遛弯。注意保护宠物兔的健康，这远比散步遛弯重要得多。

另外，如果经常带宠物兔出去，可能会导致它更喜欢室外环境而不喜欢待在笼子里，所以要注意散步不要太频繁。

49. 如何读懂宠物兔的肢体语言?

宠物兔的肢体语言非常丰富。只要细心观察，你会发现宠物兔的每种肢体语言都具有一定的含义。

(1) 绕圈转 宠物兔成年后就可能出现绕圈转的行为。绕圈转是一种求爱的行为，有时候更会同时发出咕噜的叫声。通常开始有绕圈转的求爱行为也就代表宠物兔是时候可以繁殖或绝育了。绕圈转也可以代表想让人注意或者要求食物。

(2) 跳跃 当宠物兔感到非常高兴时，会出现原地跳跃，在半空微微反身的行为，有时候也会边跳跃边摆头。它们跳跃时就好像跳舞一样。特别是侏儒迷你宠物兔，它们比较爱用跳跃的方式去表达自己高兴和非常享受的感觉。

(3) 扑过来 有些宠物兔会不喜欢人去碰它的东西。当主人清理笼子，换食物盘时，宠物兔就可能会扑过来。这是代表它不喜欢。扑过来是一种袭击行为的表现。

(4) 压低身体 宠物兔尽量把身体压低，是代表它很紧张，觉得有危险在接近。在野外，当野兔觉得有危险接近时，它们会尝试压低身体，避免被看到。而宠物兔也会有这种行为。

(5) 蹲下来 蹲下来和压低身体的意思不同。蹲下来时，宠物兔的肌肉是放松的，是一种感到轻松的表现，是休息的姿势。

(6) 躺在地上打滚 代表宠物兔心情很不错，感觉很舒适。

(7) 推开你的手 宠物兔推开你的手代表它觉得自己已

经做妥了这件事，告诉主人别来管它的事。

（8）把鼻子和身子靠近笼边 这样是代表恳求，希望得到一些东西或对待。例如宠物兔想吃食或想主人把它放出来等。

（9）轻咬 轻咬的意思是“好了，我已经足够了！”它们会利用轻咬来告诉主人停止现在的动作。

（10）舔手 在宠物兔的行为语言中，舔手是代表多谢。如果宠物兔舔你的手，代表它想跟你说谢谢。

（11）抽动尾巴 抽动尾巴是一种调皮的表现，就如人类伸舌的动作。通常宠物兔会在一边跳跃时一边前后抽动尾巴。例如主人想把宠物兔捉回笼子，宠物兔突然跳起来同时抽动尾巴，代表它想说“你不会捉到我”的意思。

（12）用下巴去擦东西 因为宠物兔下巴的位置是有香腺的，所以宠物兔会用下巴去擦东西，留下自己的气味，以划分地盘。这种气味人类嗅不到，但宠物兔可以闻到。

（13）喷尿 未经绝育的成年公宠物兔可能会出现喷尿的行为。喷尿是宠物兔用来划分地盘和占有母宠物兔的做法。母宠物兔可能同样会有喷尿的行为，只是公宠物兔出现这种行为比较多。

（14）到处大便 宠物兔一般也会在某一处排一堆大便。如果宠物兔在不同地方分散地排大便，那也是一种划地盘的行为。

（15）拔毛 母宠物兔在要产仔的前一天或几天一般会出现拔毛的行为。它们会用嘴在胸部和脚侧的位置拔毛，利用拔出来的毛来建窝给小宠物兔保温。如果宠物兔是假妊娠，它们也会出现拔毛的情况。

（16）后肢踏地 宠物兔后肢踏地表示它们惊慌、恐惧，或者发出警告。当野兔发现有敌人走近时，便用后肢大力地踏地，警告同伴敌人已经步步逼近，同伴便会火速窜回洞中躲避。

（17）站立起来 宠物兔这个姿势是想看清楚周围的环境，并且嗅一下四周的气味，正如在草丛中探出头来观察环境；宠物兔站立起来也可能是想取得食物；在笼中的宠物兔看到主人拿食物走近时，会高兴地站起来。

（18）耳朵轻轻震动 这个动作通常多在大型长耳宠物兔身上出现，表示它们“已受够了”。宠物兔会在梳毛时或被人抱得太久时有此反应。

（19）绷紧身体，拉直尾巴，头、耳向前 这个姿势代表集中精神、好奇，同时保持谨慎。宠物兔在初会面时会有这些动作，然后才嗅闻对方。但如果宠物兔耳朵突然向后拉，它可能会攻击并且咬噬对方。

（20）挖地和抓地 宠物兔想挖一个巢，尤其是发情期或妊娠中的母宠物兔，这个行为会更明显。

（21）侧身躺下，两眼低垂，想睡觉 宠物兔感到疲累时往往会摆出这个姿势；有时跑得辛苦时会两脚摊开躺下。

50. 宠物兔为什么有时会趴下做出匍匐的动作？

常见的原因如下：

（1）紧张 在宠物兔感到周围有危险靠近，让它感到紧张的时候，会做出匍匐的动作。

（2）警惕 当主人或者陌生人突然伸手去摸宠物兔的耳朵、脑袋或身体以及其他部位的时候，宠物兔就会竖起耳朵，做出匍匐的动作，表现出一副十分警惕的样子。

(3) 隐藏自己 当宠物兔被主人带到野外活动时，一旦遇到危险，它就会做匍匐的动作，其实是为了隐藏自己，不让敌人看到（图 3-3）。

图 3-3 宠物兔匍匐动作

51. 宠物兔跺脚是在向主人表达什么意思呢?

(1) 害怕 野兔在野外时，一旦遇到危险，就会不停地跺脚，借此提醒同伴：“周围有危险出现啦！赶快跑啊！”后来，野兔经过驯化之后，即使成为宠物，很少再遇到危险，这种行为也被遗传了下来。它们一旦发现周围有危险靠近，就会习惯性地跺脚。同时表情和眼神紧张，盯着危险的方向看。

(2) 御敌 当宠物兔想要向敌人发动进攻时，在做出进攻姿态的同时，也会跺脚，可以看作是虚张声势，想要靠跺脚的方式吓退敌人。

(3) 生气 如果你惹宠物兔生气了，或者原本该给它食物，结果却骗了它，不给它，它就会生气地跺脚，向你表达它的不满。

52. 怎么调教宠物兔不刨料？

每次打扫宠物兔笼的时候，都会在食盆周围发现一些散落的宠物兔粮颗粒。这些宠物兔粮有的是吃食过程中不小心撒出来的，有的是宠物兔不吃故意刨出来的，造成这种现象的原因可能有以下几种：

（1）挑食 每种食物的气味不同，所以宠物兔对特定的食物有自己的喜好。喜欢的多吃，不喜欢的少吃，特别讨厌的直接扒出去。

（2）食物适口性差异 新鲜食物的含水量高，适口性较好，宠物兔吃草时往往把嫩叶吃光，剩下一堆光秃秃的草秆儿。

（3）食物变质或被污染 宠物兔对受潮发霉的食物非常敏感，如果宠物兔对常吃的某种宠物兔粮突然产生抵触情绪，不要强迫它吃。

（4）食物配料突变 宠物兔的嗅觉十分灵敏，对陌生的气味戒备心很强，突然更换兔粮会造成兔刨料。

（5）处于妊娠阶段 为了小宠物兔宝宝的健康成长，母宠物兔需要更多的营养，妊娠期间的母宠物兔可能会刨料，挑选自己需要的食物。如果能找出母宠物兔爱吃的宠物兔粮里的某种成分，可适当增加一些。

53. 宠物兔为什么会打架？

宠物兔是温驯善良的动物，对其他动物几乎没有任何攻击能力。尽管宠物兔对外是“懦弱的”，“内战”却往往是激烈的。打架是宠物兔的天性。将两只年龄相仿的公宠物兔放在一起，打架在所难免，有时战斗相当激烈，咬得头破血流、皮开肉绽，直到其中一只宠物兔“认输”，趴伏不动为止。

为什么如此善良的动物有时候内部的战争如此激烈？其原因可能有以下3个。

（1）领地意识 任何动物均有一定的领地意识，尤其是在野生条件下。野生肉食动物以自己的尿液“划定地盘”，如有入侵者，非驱逐不可。宠物兔是由野兔驯化过来的，在野生情况下，兔是独居。宠物兔的领地意识尽管没有野生肉食动物那样明显，但同样存在。

（2）同性好斗 雄性的动物性格暴躁，争强好胜，很难与同性和平共处。性成熟之后的公宠物兔，尤其是有过配种经历的公宠物兔，遇见同性的个体之后必战斗不可。而这种习性对于动物的进化和种族的延续是有利的。这种竞争使那些瘦弱的、缺乏战斗力的个体遭到淘汰，种族优秀个体保留。

（3）争夺配偶 为了种族的延续，每只雄性个体总希望多“抢夺配偶”，有更多的后代。这样必然造成公宠物兔之间的矛盾。为了争抢配偶必战不可。

为了避免公宠物兔之间无谓的咬斗，一般3月龄即性成熟之后的宠物兔要单笼饲养。一兔一笼，彼此不干扰，也就无法打架了。

第四章 宠物兔的卫生与美容

54. 宠物兔的卫生与美容要点有哪些?

(1) 洗澡 宠物兔可以不洗澡，它们平时很注意保持自己的身体卫生。给宠物兔洗澡时，不要用水，因为宠物兔是很怕水的动物。可以选择干洗粉或干洗泡泡，一个月洗一次即可。6个月以下的幼年宠物兔不要洗澡。

(2) 修毛 用小动物专用修毛机及不同毛型的修毛剪刀修理，塑造宠物兔美容后的毛型。

(3) 修甲 用专用宠物趾甲剪。

(4) 解结 长毛宠物兔需用解毛梳解毛结。

55. 如何给宠物兔按摩?

亲近你的宠物兔，熟悉它身体的每一处。每天抚摸宠物兔身体各个部位，这样做的目的就是尽可能地熟悉你的宠物兔，了解它身体的每一处，知道怎样是正常的，一旦发现异样，尽可能及早做出处理，这样才能及时治疗。

56. 如何为宠物兔清理臭腺?

臭腺位于肛门两侧，拨开毛才能看见。最好定期清理，否则污垢累积易发炎，方法和步骤如下：

（1）准备好棉签和温水。

（2）掰开臭腺（最好用夹子先夹住鼻子）。

（3）用沾了温水的棉签将分泌物挑出来。

注意事项：有时候分泌物沾住了肉，很难挑出来。不要粗鲁地清理，那里的皮肤很嫩。可以先用沾水棉签浸润一会，就可以容易地挑出来了。

57. 如何给宠物兔清洗耳朵?

宠物兔的耳朵需要定期清洁，帮助宠物兔将耳垢排出。一般一个月左右清洁一次即可。方法如下：

（1）买温和的宠物兔专用洗耳剂。

（2）在开始清洗宠物兔耳朵之前，最好先安抚宠物兔，使其放松玩耍，待其玩累了，趴在地上调整成侧躺姿势。

（3）将清耳剂拿出来待用。

（4）轻轻按摩宠物兔，抚摸其耳朵，让其知道要触碰耳朵。

（5）将宠物兔耳朵轻轻抬起45°，将清耳液滴入靠近身体的耳道。可以将清耳液从高处滴下，这样可以帮助争取到一点时间，以免宠物兔立刻察觉有东西滴入耳朵而开始用力甩。

（6）将滴入清耳剂的耳道用耳郭合起来，用手轻轻捏住，另一手保定宠物兔的身体，使宠物兔不好挣扎，这时最好有另一人帮忙固定住宠物兔的身体。

（7）轻轻按摩宠物兔耳根部，这时会听到“噗叽”声，持续按摩约60秒之后就可以放开宠物兔，让它自己把溶解后的耳垢甩出。

（8）最好有两人一同来进行清洁耳朵操作，这样可以比较快速地把两只耳朵同时清洗完毕。固定宠物兔的人要一边固定一边和宠物兔说话，加上轻轻按摩，帮助宠物兔消除紧张感。

（9）清完耳朵之后，用卫生纸将宠物兔耳缘残留的清耳剂擦干净。

58. 如何为宠物兔护理皮毛？

每年的3—4月和9—10月是宠物兔集中换毛的两个阶段，为防止宠物兔误食这些毛发，进而患上毛球症，主人需要定期用小宠专用梳子帮宠物兔梳毛。多给宠物兔吃提摩西草，多运动，可有效防止毛球症。家里最好备一支化毛膏。

59. 如何为宠物兔修剪趾甲？

（1）一个人抱着宠物兔，撑起宠物兔的脚爪后扒开毛，露出趾甲，另一个人负责剪。

（2）在灯光下观察，趾甲上也有一条红色的线（血线），不要剪得超过这条线，否则会造成出血，或引发伤害。

（3）给宠物兔剪趾甲要使用专门的小宠趾甲剪。如果宠物兔不配合，不要勉强，可以选择去宠物医院请医生帮助完成。

60. 怎样清扫宠物兔舍？

宠物兔舍每天都要清理粪便和污物。宠物兔的便盆每天都要清理干净，并更换新的垫材。如果笼内铺了有吸水性的垫材，在发现表面潮湿的时候须及时清洗晾晒。应视季节每周或每个月将食盆、水盆等用具清洗一次，以避免滋生细菌。

（1）兔舍消毒 每周消毒一次。消毒前，应彻底清除剩余的饲料、垫草及其污物，用清水洗刷干净，待干燥后进行消毒。消毒药可用常规消毒剂和2％的氢氧化钠溶液等，还可用喷灯火焰消毒，对杀死虫卵及寄生虫有很好的效果。

（2）食具消毒 每天喂料前，要清洗料盆或料槽，每周消毒一次。洗刷干净后也可煮沸或用开水烫洗。每隔一定时间，应将食具、垫板及产仔箱等放在阳光下暴晒2～3小时，可杀灭细菌等。消毒药可用3％的来苏儿等。

（3）场地消毒 春天场地消毒可进行一次，夏天应进行两次。首先清除场内粪便、杂草等污物，再用20％生石灰或3％氢氧化钠溶液或30％热草木灰水进行消毒。

第五章 兔的繁育

61. 兔的繁殖特性有哪些？

（1）独立双子宫 母兔有两个完全分离的子宫，两个子宫有各自的子宫颈，共同开口于一个阴道，而且无子宫角和子宫体之分。两子宫颈间有间膜隔开，不会发生像其他家畜那样在受精后受精卵由一个子宫角向另一个子宫角移行的现象。

在生产上偶有妊娠期复妊的现象发生，即母兔妊娠后，又接受交配再妊娠，前后妊娠的胎儿分别在两侧子宫内着床，胎儿发育正常，分娩时分期产仔。

（2）卵子大 兔的卵子是目前已知哺乳动物中最大的，直径达160微米，同时，也是发育最快、卵裂阶段最容易在体外培养的哺乳动物的卵子。因此，兔是很好的实验材料，广泛用于生物学、遗传学、家畜繁殖学等学科研究上。

（3）繁殖力高 兔性成熟早，妊娠期短，世代间隔短，一年四季均可繁殖，窝产仔数多。以中型兔为例，仔兔生后5～6月龄就可配种，妊娠期1个月（30天），一年内可繁殖两代。集约化生产条件下，每只繁殖母兔可年产 8～9 窝，每窝可成活 6～7 只，一年内可育成 50～60 只仔兔。培育种兔每年可繁殖 4～5 胎，获得25～30 只种兔。

（4）刺激性排卵 哺乳动物的排卵类型有三种：第一种是自发排卵，自动形成功能性黄体，如马、牛、羊、猪属于此类；第二种是自发排卵，交配后形成功能黄体，老鼠属于这种类型；第三种是刺激性排卵，兔就属此类型。

兔卵巢内发育成熟的卵泡必须经过交配刺激的诱导之后才能排出。一般排卵的时间在交配后 10～12 小时，若在发情期内未进行交配，母兔就不排卵，其成熟的卵泡会老化衰退，经 10～16 天逐渐被吸收。但有试验表明，母兔发情时不进行交配，而给母兔注射人绒毛膜促性腺激素（HCG），也可引发排卵。

（5）发情周期不规律 兔的这个特点与其刺激性排卵有关，没有排卵的诱导刺激，卵巢内成熟的卵子不能排出，当然也不能形成黄体，所以对新卵泡的发育不会产生抑制作用，因此，母兔就不会有规律性的发情周期。

实际上，在正常情况下，母兔的卵巢内经常有许多处于不同发育阶段的卵泡，在前一发育阶段的卵泡尚未完全退化时，后一发育阶段的卵泡又接着发育，而在前后两批卵泡的交替发育中，体内的雌激素水平有高有低，因此，母兔的发情征状有明显与不明显之分。与自发排卵家畜的休情期完全不同，没有发情征状的母兔卵巢内仍有处于发育过程中的卵泡存在，此时若进行强制性配种，母兔仍有受胎的可能。兔的生产可依据这一特点进行安排。

（6）假妊娠比例高 母兔经诱导刺激排卵后可能并没有受精，但形成的黄体开始分泌孕酮，刺激生殖系统的其他器官，使乳腺激活，子宫增大，状似妊娠但没有胎儿，此种现象称为假妊娠。假妊娠的比例高是兔生殖生理方面的一个重要特点。母兔假妊娠的表现与真妊娠一样，如不接受公兔交配，乳腺有一定程度的发育。如果是正常妊娠，妊娠第 16 天后黄体受到胎盘分泌的激素作用而继续存在。而假妊娠时，由于母体没有胎盘，妊娠第 16 天后黄体退化，于是母兔表现出临产行为，衔草、拉毛做巢，甚至乳腺分泌出一点乳汁。假妊娠的持续期为 16～18 天。假妊娠过后立即配种极易受胎。一般不育公兔的性刺激、母兔群养和仔兔断乳晚是引起假妊娠的主要原因。管理不好的兔群假妊娠的比例可能高达 30%。生产中常用复配的方法防止假妊娠。

(7) 胚胎附植前后的损失率高 据报道，附植前的损失率为 11.4%，附植后的损失率为 18.3%，胚胎在附植前后的损失率为 29.7%。对附植后胚胎损失率影响最大的因素是肥胖。哈蒙德在 1965 年观察了交配后 9 日龄胚胎的存活情况，发现肥胖者胚胎死亡率达 44%，中等体况者胚胎死亡率为 18%。母体过于肥胖时，体内沉积大量脂肪，压迫生殖器官，使卵巢、输卵管容积变小，卵子或受精卵不能很好发育，以致降低了受胎率和使胎儿早期死亡。另外，高温应激、惊群应激、过度消瘦、疾病等因素也会影响胚胎的存活。

62. 种公兔的饲养管理有何要求?

种公兔在兔群中具有主导作用，其质量影响到整个兔群的质量，俗话讲“公兔好，好一坡；母兔好，好一窝”。种公兔的质量对兔群的影响表现在生产性能、母兔的繁殖效率和仔兔的健康及生长发育等方面。种公兔的质量也与饲养管理有着密切的关系。所以，种公兔的饲养管理十分重要。生产上要求种公兔体质健壮，发育良好，膘情中等，性欲旺盛，精液品质优良。

（1）种公兔的饲养 种公兔的配种授精能力取决于精液品质，这与营养的供给有密切关系，特别是蛋白质、矿物质和维生素等营养物质，对精液品质有着重要作用。因此，种公兔的饲料必须营养全面、体积小、适口性好、易于消化吸收。

种公兔每次射精量为 0.4～1.5 毫升，长毛兔的射精量要稍低些。每毫升精液中的精子数为 100 万～2 000 万个，长毛兔的精子密度略低些。气温高时，兔的精液品质下降。在高温季节里，长毛兔的精液中往往无精子，或者是密度很稀和出现死精。

精液除水分外，主要由蛋白质构成，包括白蛋白、球蛋白、核蛋白、黏液蛋白等，这些都是高质量的蛋白质。生成精液的必需氨基酸有色氨酸、组氨酸、赖氨酸、精氨酸等，其中以赖氨酸为主。除形成精液外，在性机能活动中的激素和各种腺体的分泌以及生殖器官本身也都需要蛋白质加以修补和滋养。这些蛋白质和必需氨基酸都需通过饲料来提供，所以，精液的质量与饲料中蛋白质的质量关系最大。动物性蛋白质对于精液的生成和作用有更显著的效果。饲粮中加入动物性饲料可使精子活力增加，并使受精率提高。实践证明，对精液品质不佳、配种能力不强的种兔喂以鱼粉、豆饼、花生饼、豆科牧草等优质蛋白质饲料时，可以改善精液品质，提高配种能力。

维生素对精液品质也有显著影响。饲粮中维生素含量缺乏时，精子的数目减少，异常精子增多。小公兔饲粮中的维生素含量不足，生殖器官发育不全，睾丸组织退化，性成熟推迟。青绿饲料中含有丰富的维生素，所以夏季一般不会缺乏。但冬季青绿饲料少，或长年喂颗粒饲料时，容易出现维生素缺乏症。特别是维生素 A、维生素 E 缺乏时，会引起睾丸精细管上皮变性，精子生成过程受阻，精子密度下降，畸形精子增加。如补饲优质青绿多汁饲料或复合维生素，情况可以得到改善。

矿物质元素对精液品质也有明显的影响，特别是钙。饲粮中缺钙会引起精子发育不全，活力降低，公兔四肢无力。饲粮中加入 2%的骨粉或石粉、蛋壳粉、贝壳粉等，钙就不致缺乏。磷为核蛋白形成的要素，也为产生精液所需，饲粮中配有谷物和麦麸时，磷不致缺乏。但应注意钙、磷的比例，钙磷供给的比例应为（1.5～2）：1。锌对精子的成熟具有重要意义。缺锌时，精子活力降低，畸形精子增多。生产中，可以通过在饲粮中添加微量元素添加剂的方法来满足公兔对微量元素的需要，以保证种公兔具有良好的精液品质。

种公兔的营养供给不仅要全面，而且要做到长期稳定。因为精子是由睾丸中的精细胞发育而成，精细胞健全，才能产生活力旺盛的精子。而精细胞的发育过程需要较长的时间，故营养物质的供给也需要有一个长期稳定的过程。饲料对精液品质的影响较缓慢，用优质饲料来改善种公兔的精液品质时，需 20 天左右时间才能见效。因此，对一个时期集中使用的种公兔，应注意在一个月前调整饲粮配方，提高饲粮的营养水平。配种旺季要适当增加或补充动物性饲料，例如鱼粉、蚕蛹、鸡蛋（1 个鸡蛋饲喂 5

只公兔）等。配种次数增加，如达到每天2次时，日粮应增加25%。

对于种公兔，自幼即应注意饲料的品质，不宜喂体积过大或水分过多的饲料，特别是幼年时期，如全喂青粗饲料，不仅兔的增重慢，成年时体重小，而且精液品质也差。如公兔腹部过大或种用性能差时，不宜作为种用。

对种公兔应实行限制饲养，防止体况过肥。过肥的公兔不仅配种能力差，性欲降低，而且精液品质也差。限制饲养的方法有两种，一种是对采食量进行限制，即混合饲喂时，补喂的精料混合料或颗粒饲料每只兔每天不超过50克，自由采食颗粒料时，每只兔每天的饲喂量不超过150克；另一种是对采食时间进行限制，即料槽中一段时间有料，其余时间只供给饮水，一般料槽中每天的有料时间为5小时。

（2）种公兔的管理 对种公兔的管理应注意以下几点。

①对种公兔应自幼进行选育和培养，并加大淘汰强度：种公兔应选自优秀亲本后代，选留率一般不超过50%。留作种用的公兔和母兔要分笼饲养，这一点在管理上应特别注意。

②适时配种：3月龄的兔应公母分养，严防早交乱配。青年公兔应适时初配，过早过晚初配都会影响性欲，降低配种能力。一般大型品种兔的初配年龄是8～10月龄，中型兔为5～7月龄，小型兔为4～5月龄。

③加强运动：种公兔应每天放出笼外运动1～2小时，以增强体质。经常晒太阳对预防球虫病和软骨症都有良好作用。但在夏季运动时，不要把兔放在直射的阳光下，因为直射阳光会引起过热，体温升高，容易造成昏厥、脑充血、日

射病等，严重者会引起死亡。对长毛兔更应注意。

④笼舍清洁干燥：种公兔的笼舍应保持清洁干燥，并经常洗刷消毒。公兔笼是配种的场所，在配种时常常由于不清洁而引起一些生殖器官疾病。

⑤搞好初配调教：选择发情正常、性情温驯的母兔与初配公兔配种，使初配顺利完成。

⑥单笼饲养：种用公兔应一兔一笼，以防互相殴斗。公兔笼和母兔笼要保持较远的距离，避免由于异性刺激而影响公兔性欲。

⑦保持合理的室温：种公兔舍内最好能保持10～20℃为宜，过热过冷都对公兔性机能有不良影响。

⑧合理利用种公兔：对种公兔的使用要有一定的计划性，兔场应有科学的繁殖配种计划，严禁过度使用种公兔。一般每天配种两次，连续使用两三天后休息一天。对初次参加配种的公兔，应每隔一天使用一次。如公兔出现消瘦现象，应停止配种休息，待其体力和精液品质恢复后再参加配种。但长期不使用种公兔配种，也容易造成过肥，引起性欲降低，精液品质变差。

⑨毛用种公兔的采毛间隔时间应缩短：一般可以每隔一定时间采毛一次，以提高精液品质。

⑩做好配种记录：以便观察每只公兔的配种性能和清晰记录系谱，利于选种选配。

有下列情况之一时不宜配种：a. 吃料前后半小时之内，防止影响采食和消化。b. 换毛期内，因为换毛期间特别是秋季的换毛，营养消耗较多，体质较差，此时配种会影响兔体健康和受胎率。c. 种公兔健康状况欠佳时，如食欲不振、粪便异常、精神萎靡等。

63. 种母兔的饲养管理有何要求？

种母兔是兔群的基础，饲养的目的是提供数量多、品质好的仔兔。母兔的饲养管理是一项细致而复杂的工作。成年母兔在空怀、妊娠和哺乳三个阶段的生理状态有着很大的差异。因此，在母兔的饲养管理上，要根据各阶段的特点，采取相应的措施。

（1）空怀母兔的饲养管理 母兔的空怀期是指从仔兔断奶到重新配种妊娠的一段时期。空怀期的母兔由于在哺乳期间消耗了大量养分，体质比较瘦弱，需要供给充足的营养物质来恢复体质，为迎接下一个妊娠期做好准备。饲养管理的关键是补饲、催情。调整日粮可使母兔在上一繁殖周期消耗的体况在短时间内恢复，以使母兔正常发情，进入下一繁殖周期。在饲养管理和配种方法上应做好如下工作：

①保持适当的膘情：空怀母兔要求七八成膘。如母兔体况过肥，应停止精料补充料的饲喂，只喂给青绿饲料或干草。过肥的母兔会在卵巢结缔组织中沉积大量脂肪而阻碍卵细胞的正常发育并造成不育。对过瘦母兔，应适当增加精料补充料的喂量，否则也会造成发情和排卵不正常，因为控制卵细胞生长发育的脑垂体在营养不良的情况下内分泌不正常，所以卵泡不能正常生长发育，影响母兔的正常发情和排卵，造成不孕。为了确保空怀母兔的营养供给和良好体况，在配种前半个月左右就应按妊娠母兔的营养标准进行饲喂。

②注意青绿饲料或维生素的补充：配种前母兔除补加精料补充料外，应以青饲料为主。冬季和早春淡青季节，每天应供给 100 克左右的胡萝卜或冬牧 70 黑麦、大麦芽等，以

保证繁殖所需维生素（主要是维生素 A、维生素 E）的供给，促使母兔正常发情。规模化兔场可在日粮中添加复合维生素添加剂。

③改善管理条件：注意兔舍的通风透光，冬季适当增加光照时间，使每天的光照时间达 14 小时左右，每平方米 2 瓦左右，电灯高度 2 米左右，以利发情受胎。

（2）妊娠母兔的饲养管理 母兔自配种怀胎到分娩的这一段时期称妊娠期。母兔妊娠后，除维持本身的生命活动外，子宫的增长、胎儿的生长和乳腺的发育等均需消耗大量的营养物质。在饲养管理上要供给全价营养，保证胎儿的正常生长发育。母兔配种后 8～10 天进行妊娠检查，确定妊娠后要加强护理，防止流产。

①加强营养：母兔在妊娠期间尤其是妊娠后期能否获得全价的营养物质，对胎儿的正常发育、母体的健康和产后的泌乳能力等都有直接影响。妊娠母兔所需的营养物质以蛋白质、维生素和矿物质最为重要。蛋白质是构成胎儿的重要营养成分，矿物质中的钙和磷是胎儿骨骼生长所必需的物质。如饲料中蛋白质含量不足，会引起仔兔死胎增多，初生重降低，生活力减弱；维生素缺乏，会导致畸形、死胎与流产；矿物质缺乏，会使仔兔体质瘦弱，死亡率增加。

妊娠母兔的妊娠前期（即胚期和胎前期，妊娠后1～18天），因母体和胎儿生长速度很慢，故饲养水平稍高于空怀母兔即可；而妊娠后期（即胎儿期，妊娠后19～30 天），因胎儿生长迅速，需要营养物质较多，故饲养水平应比空怀母兔高 1～1.5 倍。实践证明，妊娠母兔特别是在妊娠后期获得的营养充分，则母体健康，泌乳力强，所产仔兔发育良好，生活力亦强；反之，则母体消瘦，泌乳力低，所产仔兔生活力亦差。所以，母兔在妊娠期应给予营养价值较高的饲料，其中富含蛋白质、维生素和矿物质，并逐渐增加饲喂量，直到临产前 3 天才减少精料量，但要多喂优质青饲料。在实际生产中，针对不同的母兔状况，可选用以下三种方法：一是适于膘情较好母兔的先青后精饲喂法，即妊娠前期以青绿饲料为主，妊娠后期适当增加精料喂量；二是适于膘情较差母兔的逐日加料饲养法，即妊娠 15 天开始增加饲料喂量；三是普遍使用的产前产后调整法，即产前 3 天减少精料喂量，产后 3 天精料减少到最低或不喂精料，此法可以减少乳腺炎和消化不良等疾病的发生。

②加强护理，防止流产：母兔流产一般在妊娠后 15～25 天内发生。引起母兔流产的原因有营养性、机械性和疾病性三种，其中营养性流产多因营养不全，或突然改变饲料，或饲喂发霉变质饲料等引起；机械性流产多因捕捉、惊吓、挤压、摸胎方法不当等引起；疾病性流产多因巴氏杆菌病、沙门氏菌病、密螺旋体病及其他生殖器官病等引起。

③做好产前准备工作：为了便于管理，最好是做到母兔集中配种，然后将母兔集中到相近的笼位产仔。产前 3～4 天准备好产仔箱，清洗消毒后铺一层晒干柔软的干草，然后将产仔箱放入母兔笼内，让母兔熟悉环境并拉毛做巢（必要时可帮助母兔拉毛）。产仔箱事先清洗消毒，消除异味。产期设专人值班，冬季注意保温，夏季注意防暑。供水充足，水中加些食盐和红糖。另外，母兔分娩时要保持兔舍及周围的安静，管理人员不要惊动它，以免母兔由于受惊而中断产仔或食仔。产后 3 天内，要给母兔投喂药物，以防乳腺炎发生。

（3）哺乳母兔的饲养管理 从母兔分娩至仔兔断乳这段

时期为哺乳期。哺乳母兔的饲养水平要高于空怀母兔和妊娠母兔，特别是要供应足够的蛋白质、无机盐和维生素。因为此时不仅要满足母兔自身的营养需要，还要分泌足够的乳汁。据测定，母兔每天可分泌乳汁 60～150 毫升，高产母兔可达 200～300 毫升。兔乳汁中除乳糖含量较低外，蛋白质含量为 13%～15%，脂肪含量为 12%～13%，无机盐含量为 2%～2.2%，分别比牛奶高 3.4、3 和 2.7 倍。母兔的乳汁黏稠，干物质含量为 24.6%，相当于牛、羊的 2 倍；兔乳的能量为 6.981～7.691 兆焦/千克，比标准牛奶的含能量高 1 倍多。母兔的泌乳有规律性，在产后第 1 周，泌乳量较低，2 周后泌乳量逐渐增加，3 周时达到高峰，4 周后泌乳量又逐渐减少。

①饲养方面：哺乳母兔为了维持生命活动和分泌乳汁哺育仔兔，每天都要消耗大量的营养物质，这些营养物质必须通过饲料来获取。因此要给哺乳母兔饲喂营养全面、新鲜优质、适口性好、易于消化吸收的饲料，在充分喂给优质精料的同时，还需喂给优质青饲料。哺乳母兔的饲料喂量要随着仔兔的生长发育不断增加，并充分供给饮水，以满足泌乳的需要。直至仔兔断奶前 1 周左右，开始逐渐给母兔减料。

哺乳母兔的饲料喂量不足或品质低劣会导致母兔的营养供给不足，从而大量消耗体内贮存的营养，使母兔很快消瘦。这不仅影响母兔的健康，而且泌乳量也会下降，进而影响仔兔的生长发育。

据研究报道，仔兔在哺乳期的生长速度和成活率主要取决于母兔的泌乳量；如果母兔在哺乳期能保证丰富的营养，产后 20 天内哺乳母兔的体重不减，20 天以后，仔兔能够从巢中爬出，开始打扰母兔，影响母兔的休息，并能将母乳全部吃光，从而使母兔体重下降。母兔的泌乳量还和产仔数之间呈正相关，产仔数越多，母兔乳汁的利用率就越高。所以，保证母兔充足的营养是提高母兔泌乳力和仔兔成活率的关键。同时，要使仔兔能够充分利用母乳，就要提高产仔率和仔兔育活率。

泌乳母兔的饲养效果可以根据仔兔的生长发育情况和粪便情况辨别。如泌乳旺盛时，仔兔吃饱后腹部胀圆，肤色红润光亮，安睡不动；泌乳不足时，仔兔吃乳后腹部空瘪，肤色灰暗无光，乱爬乱抓，经常发出“吱、吱”的叫声。哺乳正常时，产仔箱内清洁干燥，很少有仔兔粪尿；哺乳不正常时，可能出现产仔箱内积留尿液过多（母兔饲料中含水过多）、粪便过于干燥（母兔饮水不足）、仔兔消化不良或腹泻（母兔饲喂了变质发霉饲料）等现象。

②管理方面：重点是经常检查母兔的泌乳情况和预防乳腺炎。

首先应做好产后护理工作，包括产后母兔应立即饮水，最好是饮用红糖水、小米粥等，冬季要饮用温水。刚产下的仔兔要清点数量，挑出死亡兔和湿污毛兔，并做好记录。产房应专人负责，并注意冬季保温防寒，夏季防暑防蚊。

引起母兔乳腺炎的主要原因有两种：一种是母乳太充盈，仔兔太少而造成乳汁过剩，此时可采用寄养法，将其他母兔所产仔兔纳入共同哺乳，或者适当降低母兔的营养水平，防止乳汁分泌过多；另一种是母乳不足，仔兔多，采食时咬伤乳头所致，此时应提高母兔营养水平，加强催乳措施。可采取以下办法催乳：催乳片催乳，每只母兔每天 2～4 片，但应注意，这种方法仅适用体况良好的母兔；蚯蚓催乳，取活蚯蚓 5～10 条，剖开洗净，煮熟，连同汤拌入精料补充料中，分 1～2 天饲喂，一般 1～2 次即可见效；鱼汤催乳，取鲜活鱼 50～100 克，煮熟，取汤拌料，连用 3～5 天；黄豆、豆浆催乳，每天用黄豆 20～30 克煮熟（或打浆后煮熟），连喂 5～7 天。此外，饮用红糖水、米汤，经常食用蒲公英、苦荬菜等，均可提高母兔产乳量。

预防乳腺炎的方法：a. 及时检查乳房，看是否排空乳汁，有无硬块（按摩可使硬块变软）；b. 发现乳头有破裂时，及时涂擦碘酊或内服消炎药；c. 经常检查笼底底板及巢箱的安全状态，以防损伤乳房或乳头。

对已患乳腺炎的母兔应立即停止哺乳，仔兔采取寄养方法；血配的优良母兔，其仔兔亦可采用该办法。在良好的饲养管理下，对泌乳力低、连续 3 次吞食仔兔的母兔应淘汰。

另外，母兔产后要及时清理巢箱，清除被污染的垫草和毛以及残剩的胎盘和死胎。以后要每天清理笼舍，每周清理兔笼并更换垫草。每次饲喂前要刷洗饲喂用具，保持其清洁卫生。当母兔哺乳时，应保持安静，不要惊扰和吵嚷，以防产生吊乳或影响哺乳。

64. 母兔拒配怎么办?

在生产中，一些母兔到了配种年龄时常会发生拒绝与公兔交配的行为，可采用以下方法进行辅助配种。

（1）信息催情配种 ①把久不发情的母兔放入公兔笼，让公兔追逐爬跨挑逗 10 分钟后将母兔取出，过 8 小时再放入公兔笼交配；②公母兔互换笼位一昼夜后，把公兔放回原笼与母兔交配；③把母兔放入公兔笼，让公母兔同笼 12 小时自由交配。

(2) 人工按摩催情配种 饲养人员用左手抓住母兔双耳和颈皮保定，右手轻轻按摩或快频率拍打母兔外阴部，当母兔有举臀动作时，放入公兔笼交配。

(3) 药物刺激催情配种 用清凉油或2%碘酊少许，抹在乏情母兔的阴唇上，待30分钟后，放入公兔笼交配。

(4) 激素催情配种 目前兔催情常用的性激素有三种：①促排卵素3号，5毫克/只，肌内注射5～8小时后配种；②三合激素，0.15毫升/只，肌内注射6小时后配种；③氯前列烯醇，0.2毫克/只，肌内注射6小时后配种。

(5) 人工强制配种 ①用细绳拴住母兔尾巴1/3处，左手抓住耳和颈皮保定的同时，并向前拉绳，使兔的尾巴上翘露出阴门，放入公兔笼内，待爬跨时，右手轻轻插入腹下托高臀部，迎接公兔交配。②左手抓住母兔双耳和颈皮保定，右手伸入腹下两后腿间，无名指和拇指支撑在阴门右侧，使阴门在中指和无名指之间露出，令公兔爬跨，右手掌心上托臀部，迎接公兔交配。

在生产中用一种方式无效时，可与其他方法交替或重复使用。

65. 母宠物兔是否需要绝育？

对母宠物兔进行绝育手术的主要原因在于预防疾病。母兔的生殖系统（子宫、卵巢、乳腺）病变的概率非常高。1岁以上的母兔就会常见子宫蓄脓、子宫内膜炎、子宫良性肿瘤等病变情况；而6岁以上未绝育的母兔患子宫腺癌的概率高达60%～80%，故兔是肿瘤的高发物种，其中，生殖系统方面的肿瘤和乳腺肿瘤占据相当比例。

一般建议母宠物兔的绝育手术在2岁前完成，因为年轻的母兔承受手术风险的能力和术后恢复的能力要远高于老年兔。1～2岁的母兔术后恢复能力强，3岁之后恢复能力下降，麻醉的风险也会相应增加。此外，与年轻母兔相比，年老母兔发生子宫病变的风险比未发生病变的大，病变严重的风险（或说后期）比病变早期的大，故2岁以上母兔生殖系统很可能已经发生了病变。受体内激素的影响，虽然2岁以上母兔绝育依旧能够杜绝子宫卵巢的病变，但对于预防乳腺疾病效果不佳，患乳腺疾病的机会就与未做绝育的几乎相同。

66. 兔什么季节配种好?

兔配种虽无明显的季节性，一年四季均可繁殖，但不同季节温度、日照、营养状况等的差异对母兔的发情、受胎、产仔数和仔兔成活率等都有一定的影响。为此，合理安排好兔四季配种繁殖对提高其繁殖效率十分重要，下面来介绍春、夏、秋、冬各个季节母兔配种的最好时期。

(1) 春季 春季天气转暖，阳光充足，温度适宜，饲料逐渐丰富，公兔性欲旺盛，母兔发情比较集中，性机能表现最旺盛，配种受胎率高，产仔数多，仔兔发育良好，体质健壮，成活率高。据资料报道，春季（3—5月）母兔的发情率可达80%～90%，受胎率高达85%～95%。所以，春季是兔繁殖的最好季节，要抓紧时间配种，保证繁殖2胎。

(2) 夏季 夏季气候炎热，温度高，湿度大，兔采食量减少，体重下降，公兔精液品质明显降低，无精、死精增多，母兔性机能不强，配种受胎率低，产仔数少。夏季

(6—8 月）母兔发情率和受胎率都低于 50%，平均每窝产仔数 3～5 只。因此，在一般情况下，夏季应暂停配种繁殖。条件好的兔场（户）如公母兔体质健壮，又有遮阳防暑，能将温度控制在 28℃以下，也可适当安排夏季的早晚配种繁殖。

(3) 秋季 秋季气候温和，饲料丰富且营养价值较高，兔体质开始恢复，公兔性欲渐趋旺盛，精子活力增加，密度增大；母兔发情旺盛，配种受胎率较高，产仔数多。秋季（9—11 月）母兔发情率为 75%～80%，配种受胎率 70%～80%。所以，秋季是兔配种繁殖的又一好时期，要合理安排，保证繁殖 1～2 胎。

(4) 冬季 冬季风寒气冷，温度较低，日照时间短，兔需大量的能量来维持体温，此时，公兔性欲不强，精子活力、密度正常。冬季（12 月至翌年 2 月）母兔发情率为 60%～70%，配种受胎率为 50%～60%。冬季如有较多的青绿饲料供应，又有良好的保温设施，仍可获得较好的繁殖效果。一般冬季配种繁殖的仔兔体质较为健壮，毛绒茂密，抗病力较强。相反，冬季种兔如长期不配，则可能引起生殖机能障碍和性机能下降，影响春季的配种繁殖。

67. 母兔发情有何表现和判断方法？

(1) 母兔发情的表现

①行为变化：兴奋不安，食欲不振，在笼内来回跑动，刨地踏足，衔草拔毛，不时用后脚拍打笼底板，发出声响。有的母兔常在料槽或其他用具上摩擦下颌，俗称“闹圈”。人用手抚其背时，兔就贴伏地面并将尾举起。性欲旺盛的母

兔主动向公兔调情爬跨，甚至爬跨其他母兔。

②外阴变化：发情母兔外阴部还会出现红肿现象，颜色由粉红到大红再变成紫红色。如外阴唇苍白、干燥，表明没有发情；如为淡红色，表明开始发情；如为深红色，表明正是发情旺期；如为紫红色，表明发情期已过。有句民谚“粉红早，黑紫迟，大红正当时”，这是对掌握配种最佳时间的全面、精确的概括。由于部分母兔（外来品种居多）的外阴部并无红肿现象，仅出现水肿、腺体分泌物等现象，此时配种适宜。当公兔爬跨时，发情母兔先逃避几步，随即便伏卧、抬尾迎合公兔的交配。

（2）母兔妊娠判断方法

①外部观察法：母兔妊娠后表现为发情周期停止，食欲增进，采食量增加；由于营养改善，毛色润泽光亮，性情温驯；行为谨慎安稳，到一定时期腹围增大。此法妊娠前期较难从肉眼看出，后期才易于辨认。

②复配法：母兔配种后 1 周左右，再把母兔送入公兔笼内，如果母兔已经妊娠，则会拒绝公兔的接近。由于此法在第一次交配后 1 周再进行，所以应谨防流产。

③摸胎法：一般可在配种后第 10～12 天进行。此法简便易行，准确率高。具体方法是：将母兔放在桌上或平地上，兔头朝向检查者，左手抓住兔颈皮，右手大拇指与四指分开作“八”字形，由前向后沿腹壁后部两旁轻轻探摸。配种后 8～10 天，可摸到像黄豆粒样的肉球，光滑而有弹性，触摸时滑来滑去，不易捉住；12 天左右，胚胎大小状似樱桃；14～15 天，胚胎大小状似杏核；15 天以后，可摸到好几个连在一起的小肉球；20 天之后，可摸到花生角似的长形胎儿，可触感到胎儿的头部，手感较硬，并有胎动的感

觉。若触摸时发现整个腹部柔软如棉花状，则是没有妊娠的表现。

必须注意的是摸胎检查时，动作要轻，严防挤破胚胎，造成死胎或流产。另外，初学者易把胚胎与粪球相混淆，粪球一般无弹性，表面不光滑，在腹腔占据面积很大，无固定位置，而胚胎的位置则比较固定，用手轻轻按压时，光滑而有弹性。

68. 妊娠母兔的营养需要有何特点?

母兔正常的妊娠期为30～31天。根据妊娠的时间分为早期、中期、末期，现将各期的饲料营养要求分述如下。

(1) 早期 即胚胎期，指妊娠后的1～12天。此期由于胚胎较小，增长的速度较慢，故需要的热量和营养物质与空怀兔相同，一般不需要给母兔准备特别的饲料。但妊娠初期，妊娠兔有食欲不振等妊娠反应，因而，在这个阶段应调配些适口性好的饲料。原则上应掌握富于营养、容易消化、量少质优，防止过饱。

(2) 中期 即胎前期，指妊娠后13～18天。这个时期胎儿生长发育逐渐加快，需要各种营养物质。此期母兔的基础代谢可比空怀兔增加12%～22%。这个时期除要增加饲料的能量之外，还要注意提高饲料的质量，保证营养丰富，给予易于消化的饲料。除不断喂些青绿饲料外，还需补充鱼粉、豆饼、骨粉等。如果母兔营养不良，则会引起死胎、产弱仔、胎儿发育不良，以及母兔缺乳，仔兔生活力不强、成活率低。

(3) 末期 即胎儿期，指妊娠后19～30天。在这个时期胎儿的发育日趋成熟，对各种营养物质的需求量更多。此期妊娠母兔对营养物质的需要量相当于平时的1.5倍。要注意饲料的多样化，保证营养均衡。要注意增加矿物质（钙、磷、锰、铁、铜、碘）及维生素A、维生素D、维生素E、维生素K等的供给。在饲料供应上，不喂发霉、变质、冰冻、污染、有毒以及其他对母兔和胎儿有害的饲料。避免做不正常的妊娠检查和频繁地捕捉母兔。母兔临产前2～3天，多喂些优质青绿多汁饲料，适当减少精料。同时，要做好产前的一切准备工作。

69. 妊娠母兔分娩前应做好哪些准备工作？

在条件允许时，最好将妊娠15天的兔集中到邻近的几个笼内，以便观察和管理。母兔笼要够大，能让母兔活动，且不易踩到仔兔，若母兔笼为有铁丝底盘，建议抽出铁条底盘或在底盘上铺上旧衣服或布，防止仔兔受伤或失温死亡。房舍要安静、黑暗。产前三四天将兔舍和产箱彻底清洗消毒（2%～3%来苏儿、0.1%新洁尔灭均可）。消毒后的笼和产箱应用清水冲洗干净，移动式产箱应在阳光下晒干后再放入笼内，除去消毒残留的药液味，以免母兔不安而到处乱钻乱撞。然后放进柔软垫草，让母兔熟悉环境，便于衔草、拉毛做窝。妊娠母兔在产前两三天应减少精料供应量，以防发生乳腺炎。对初产母兔应检查产前表现，如发现不会叼草、拉毛絮窝者，要进行人工辅助。用柔软的毛、草做好产窝，并进行人工拉毛（人工拉毛也可刺激泌乳）。分娩前要准备好饲料和饮水，有条件者可准备好豆浆、稀粥等，以备母兔分娩后吃喝。临产前夕需要有人值班护理，以防仔兔被产在产仔箱外边，掉到粪尿沟，冻饿而死。如有死胎或畸形怪胎，要及时取出，防止母兔将死胎和胎衣一起吃掉，使兔养成残食仔兔的恶癖。临产前必须保持安静，严防惊扰。母兔分娩速度很快，分娩过程只需要20～30分钟，2～3分钟产1只仔兔。分娩完毕后取出产仔箱，清点仔兔，称量初生重和个体重，做好记录，并协助母兔重新理好产仔箱。

70. 母兔产前的征兆有哪些？

母兔在临产前数天腹部膨大，乳房肿胀，并可挤出少量乳汁。外阴部肿胀充血，阴道黏膜潮红湿润，常爱卧在笼内休息。临产前1～2天或数小时，食欲减退，个别母兔停食。多数兔开始衔草做窝，并将胸腹部乳房周围的毛拉下，在窝内铺好。母兔产前拉毛是一种正常生理现象，拉毛可以刺激乳腺发育，毛拉得早、拉得较多的母兔，其泌乳性能也较好。但有些母兔或初产兔产前并不拉毛，必须人工做好巢箱，放入清洁柔软的垫草。

母兔临产时，在激素的作用下，子宫收缩引起阵痛，表现为精神不安，四爪刨地，顿足腹痛，频频出入产箱，弓背，排出胎水，此时母兔多呈伏卧姿势。之后母兔静卧在窝的一侧，前肢撑起，后肢分开，弯腰弓背，不时回头观望，同时不断舔舐外阴，当尾根抽动和舐外阴频率加快时，很快就产出第一只仔兔，这时母兔将仔兔连同胎衣拉到胸前，咬破胎衣，咬断脐带，并将胎衣吃掉，舔去仔兔身上的黏液，再舔外阴。后来产出的仔兔则重复上述动作。如果产仔间隔短，母兔来不及舔净每只仔兔，待全部产完后再舔。产仔间隔长的，除有充分时间舔净已出生的仔兔外，还可将外阴周围及大腿的血污舔净，有时还吃掉带血的毛。

71. 母兔流产的原因有哪些?

（1）营养缺乏 母兔日粮中缺乏蛋白质、矿物质（如钙、磷、硒、锌、铜、铁等）、维生素（尤其是缺乏胡萝卜素和维生素 E），容易导致胎儿发育中止，引起流产，产出弱胎、软胎或僵胎。

（2）饲料品质太差 饲喂发霉变质甚至腐烂的饲料、采食各种有毒的青草和酸度过高的青贮饲料或冬季采食结冰的饲料，都会影响胎儿的正常生长发育，最终引起流产。

（3）繁殖障碍 兔患有严重的梅毒、恶性阴道炎、子宫炎等生殖器官疾病时，不容易交配受精，即使受精也常因胚胎中途死亡而致流产。

（4）发生疾病 妊娠母兔患兔瘟、流感、痘病、流行性乙型脑炎、巴氏杆菌病、魏氏梭菌病、大肠杆菌病、肠炎、中暑及各种寄生虫病时，都会引发流产，有时会产出死胎、畸形胎。

（5）用药不当 兔妊娠后发生疾病，投喂大量的泻药、利尿药、子宫收缩药或其他烈性药物时，均会造成流产。

（6）注射疫苗 对兔来说，注射疫苗是一种较强的刺激，会引发应激反应，因此，给妊娠母兔注射疫苗常常会引起流产。

（7）近亲繁殖 近亲繁殖容易使后代体质下降，导致品种退化，严重时可终止妊娠，导致流产，有时会产出死胎、畸形胎。

（8）摸胎粗鲁 妊娠诊断技术不熟练，不能正确辨别胚胎和粪球，长时间揉捏胚胎，导致胚胎受损；若操作动作粗鲁，甚至会捏死胚胎。

（9）过度惊吓 随意捕捉妊娠母兔，抓、提动作粗暴，保定方法不当，使妊娠母兔受到惊吓或伤害，最容易引起流产。散养的妊娠母兔受到过度惊吓时会四处奔逃，拼命向墙角、阴暗处躲藏。若腹部受到冲撞或顶触，容易损伤胚胎，轻者造成流产，重者产出死胎。过强的噪声也会引起流产。

（10）妊娠后误配 在混圈饲养环境中，公兔和母兔的交配比较混乱，不易进行控制，若妊娠后发生交配行为，常会导致流产。

（11）打架撕咬 饲养群体过大时，兔常出现打架、撕咬、碰撞、跳跃等现象，若伤及妊娠兔腹部，则会引起流产。

（12）年龄过大 老年公兔、母兔交配，既会影响仔兔的体质，使仔兔抗病力变差，也容易造成胚胎死亡或早期流产。

（13）外伤 木笼毛刺外露、饲槽边缘不整、木板钉头突出、铁笼网格过大、笼边铁丝翘起、兔舍地板潮湿，或废气积聚过多，这些情况都有可能造成诸如皮肤外伤、脚部骨折、细菌感染、结膜炎症等，妊娠兔受害严重就会引起流产。

72. 母兔流产预防措施有哪些？

（1）加强管理 经常观察兔群，发现有流产前兆时，要立即采用肌内注射黄体酮等保胎措施；避免在妊娠期防疫、更换笼位等，尽量减少捉兔次数；实行单笼饲养；冬季要经常检查兔舍门窗，堵塞漏洞，防止贼风侵袭。

(2) 科学饲养 首先要把好饲料关，严禁饲喂有毒饲草、霉变饲料、腐败变质的青绿多汁饲料和冰冻的饲草及饮水。另外，被泥浆、粪尿污染的饲草要洗净晾干后喂给；贮藏过久的干草、草粉，要曝晒除净霉变杂质；饼粕要用开水浸泡松软，生黄豆要煮熟后饲喂。其次，还要根据妊娠不同阶段的营养需要，科学配制饲料，补喂骨粉、食盐、大麦芽、胡萝卜等富含矿物质和维生素的草料，以满足妊娠母兔营养需要，保证胎儿正常生长发育。最后还要保证有充足清洁适温的饮水，一般每食 1 千克干饲料需饮 2 千克水，冬季应用井水或温水，切忌用冰冻水或雪水。

(3) 搞好笼舍卫生 兔笼舍每天都要打扫，清除粪尿污物，并定期进行消毒。经常洗刷、消毒饲喂用具。冬季勤换垫草，保持笼舍卫生。

(4) 搞好防疫和治疗 根据不同季节安排好不同疫病的预防时间。种兔场要根据本地区兔病流行特点制订科学合理的免疫程序，做好兔病的预防工作。免疫工作尽量在妊娠 15 天前完成。在治疗妊娠母兔疾病时，要优选药物，谨慎使用，严禁使用缩宫和孕激素等拮抗类药物。

(5) 坚持适当的运动 有规律的适当运动不仅可以增强母兔的体质和抗病力，而且也是防止妊娠中毒发生的重要措施。夏季可放在通风凉爽的室内或阴凉处围栏运动，冬季可在晴朗的中午，选择背风向阳的地方单只隔开自由运动，以促进钙磷吸收和体内维生素的合成，提高妊娠兔的机体抵抗力，减少流产。

(6) 减少应激 妊娠 15 天后要尽量减少捕捉、打针、疫苗注射等；不随便捕捉妊娠母兔；兔舍内外及附近严禁燃放爆竹、众人围观喧哗，拒绝外人参观；要积极采取灭鼠措施，严防猫、犬、蛇、鼠等动物入舍惊扰，保持兔舍内外的安静。

（7）严格选种选配 防止早配和近亲交配；采取定期引进或调换公兔的办法，尽量避免近亲交配。

（8）选择品质优良的种母兔 优良种母兔不仅受胎率高、抗病力强，而且保胎好、产仔多、母性强。品质不好（如连续两胎流产的）的母兔应淘汰。

73. 母兔食仔的原因及处理方法有哪些？

母兔食仔是一种新陈代谢紊乱和营养缺乏的综合症状，在临床上表现为一种病态的恶癖。引起母兔吃仔的原因是多方面的，主要病因及处理方法如下：

（1）饲喂量不足和营养物质供应不平衡 母兔饲喂量不足，日粮中某些蛋白质、矿物元素（如钙、磷、钠盐等）或维生素的缺乏或配比不当，可能会造成母兔吃仔的现象。

对策：加强妊娠母兔的饲养管理，配制全价饲料，供给充足的蛋白质、矿物质、维生素，以及青绿多汁饲料，使之营养更加全面。

（2）缺水 母兔产仔后由于羊水流失，胎儿排出，感觉腹中空、口中渴，产仔后容易跳出产箱找水喝，若无水喝，则有可能食仔。

对策：母兔分娩前后要供足洁净饮水，以便母兔产后及时喝到水，最好是红糖水或米汤，同时供给鲜嫩多汁饲料。

（3）应激 产仔期间或产后，突然的噪声或兽类的狂叫及闯入、饲养人员的更换、垫料有异味产生了气味刺激以及夏季高温等，母兔受到惊吓或其他应激反应，在产箱里跳来跳去，用后躯踏死仔兔或将仔兔吃掉。

对策：保持兔舍周围环境安静，减少外界干扰，防止犬、猫等动物闯入；母兔分娩前 4 天左右将产箱洗净消毒，放在阳光下晒干，然后铺上干净垫草，放入兔笼内适当的位置；另外，母兔产仔后不要用带有异味的手或用具触摸仔兔。此外，还应避开高温季节繁殖，夏季最好不繁殖，并注意兔舍的降温。分娩期间，尽量不要更换饲养员，以及饲养员所穿衣服颜色不应更换。

（4）寄仔不当　寄仔时间太晚或两窝仔兔气味不投，被寄养母兔识别出而咬死或吃掉。

对策：仔兔寄养时间以出生不超过 3 天为宜，寄养的仔兔身上涂抹母兔的尿液，寄仔放入产箱 1 小时后再喂乳，也可在母兔的鼻部涂上风油精、牙膏、酒精、碘酒等，让母兔不能辨味。

（5）母兔患有乳腺炎　母兔患乳腺炎，仔兔吸乳，母兔感觉疼痛，可能会造成母兔咬死或吃掉仔兔。

对策：定期检查母兔有无乳腺炎，如患乳腺炎要及时治疗。

（6）产后缺乳　一些母性差的母兔产后乳汁不够或母兔所带仔兔过多，仔兔相互争抢乳头，甚至咬伤母兔乳头，母兔感到疼痛拒哺或咬食仔兔。

对策：给母兔加强营养，多喂多汁饲料，产仔多者可将仔兔部分或全部寄养；做好种母兔选种工作，即在母性好、拉毛多而早且做巢大的母兔中留种；淘汰连续食仔两窝以上的母兔，以增强母性。

（7）母乳过多　由于带仔少，母乳特别充足，造成胀乳，使母兔疼痛难忍，引发母兔躁动不安，出现食仔兔的现象。

对策：可将其他的仔兔调入寄养一部分。

（8）食仔癖 母兔产仔后将死仔或弱仔当作胎盘吃掉，此后便形成食仔的恶癖。

对策：产仔时要人工监护或人工催产，产仔后将产箱单独放在安全处，做到母仔分离饲养，每天定时给仔兔喂乳。

（9）初产母兔 初产母兔由于产道狭窄，分娩剧痛时转头将仔兔吞食。此外，初产母兔哺乳能力较弱也会发生食仔现象。

对策：加强初产母兔的管理，分娩时要配专人护理，若发现分娩时食仔，则应采取母仔分养、定时哺乳等方法补救。

第六章 宠物兔的保健与疾病防治

74. 引发兔病的外界因素有哪些?

引起兔病的主要原因一般可分为外界致病因素、内部致病因素等两大类。外界致病因素主要指存在于外界环境中的各种致病因素，可分为生物性、化学性、物理性、机械性和管理性五大类。

(1) 生物性致命因素 包括各种病原微生物（细菌、真菌、病毒、螺旋体等）和寄生虫（如原虫、蠕虫等）。它们主要引起传染病和寄生虫病。如兔瘟、兔痘、兔巴氏杆菌病、兔球虫病等，对兔行业威胁较大，给兔场造成严重损失，甚至全群死亡。

(2) 化学性致病因素 主要有强酸、强碱、重金属盐类、农药、化学毒物、氨气、一氧化碳等化学物质，可引起中毒性疾病。

(3) 物理性致病因素 指高温、低温、电流、光照、噪声、气压、湿度和放射线等，容易造成冻伤、中暑等。

(4) 机械性致病因素 包括锐器及钝器的打击、机体的震荡等机械性因素，均可引起机体和组织的损失，如外伤、骨折等。

（5）营养和管理因素 饲养管理不当和饲料中各种营养物质不平衡，常可引起兔病的发生。

75. 引发兔病的内部致病因素有哪些？

引发兔病的内部致病因素主要是指宠物兔体对外界致病因素的感受性和对致病性的抵抗力。机体对外界致病因素的感受性和防御能力与机体的免疫状态、遗传特性、内分泌状态、年龄、性别和兔的品种等因素有关。免疫功能下降容易引起感染性疾病，如兔瘟等疾病的发生；遗传因素的异常可引起兔的癫痫等遗传疾病的发生。不同年龄的兔对同一致病因素的易感性不同，如兔瘟主要危害青年兔和成年兔，幼年兔特别是哺乳幼仔兔仅有少数易感。

76. 怎样进行宠物兔的外貌健康检查？

（1）发育和营养状态 发育良好的宠物兔躯体各部匀称，肩部、背部或后躯看不出任何骨质突起，触摸这些区域的肌肉有坚实感。宽深的胸、结实的背和腰是宠物兔发育良好和体质强壮的标志。发育不良的宠物兔则表现躯体矮小，体型不匀称。在幼年宠物兔阶段，营养良好的宠物兔肌肉丰满，被毛光滑，骨骼棱角不突出；营养不良时表现消瘦，被毛粗乱无光泽，皮肤缺乏弹性，骨骼外露明显。

（2）姿势 健康的宠物兔蹲伏时，前肢伸直并互相平行，后肢合适地置于体下。除采食外，大部分时间都在假眠和休息。夏天常倒卧、伏卧和伸长四肢；冷天则蹲伏，全身呈蜷缩状态。若出现反常的站立、伏卧、运动姿势，则提示患有中枢神经系统的疾患或机能障碍，外周神经的损害以及骨骼、肌肉和内脏器官的疾患。

(3) 精神状态 健康宠物兔常常保持机警，外耳易活动，并能彼此独立运动，轻微的特殊声音会使宠物兔立刻抬头并两耳竖立，转动耳壳，小心地分辨外界的情况。受惊时，用后肢跺脚。妊娠母宠物兔不如幼年宠物兔或成年公宠物兔易发生兴奋，不易受外界嘈杂所干扰，表现得很驯服。

77. 怎样进行宠物兔的皮肤健康检查?

被毛粗糙蓬乱、过于柔软和稀疏都说明宠物兔患病或体质不良。可触摸耳朵，以了解皮温的变化。耳色粉红则健康，耳色过红、苍白、蓝紫色则是出现血液循环障碍。要注意检查鼻端、眼圈、耳背、颈后及其他部位有没有脱屑、结痂（螨病、毛癣的症状）现象。

78. 怎样进行宠物兔的眼和结膜健康检查?

健康宠物兔的眼睛圆瞪明亮，活泼有神。如果呈现昏暗呆滞，则为患病或衰老表现。一般眼角干燥，无分泌物。

79. 怎样进行体温、呼吸和心跳健康检查?

健康宠物兔体温 38.5～40.0℃，平均为 39.5℃，体温升高或降低均为患病的表现。健康宠物兔呼吸频率为 50～

60 次/分钟，当心、肺、胃、肠生病时，呼吸加快；当脑部发病时，呼吸变慢；当气喘即呼吸变得深而长时，常因感冒、肺炎、支气管炎引起。有时咳嗽，鼻孔有黏液或脓汁样分泌物。宠物兔正常心跳为 80～90 次/分钟，仔宠物兔、幼年宠物兔心跳频率较快，成年宠物兔较慢。测定时可用听诊器在左胸腋下听诊。患隐性传染病时，其心跳频率加快；患慢性病时，其心跳频率减慢。

80. 怎样进行消化系统健康检查？

健康宠物兔一般食欲旺盛，吃得多而快，正常喂给的精饲料在 15～30 分钟吃完。食欲减退或废绝是许多疾病的共同症状，也是疾病最早的征兆之一。正常的宠物兔粪如同豌豆大小的圆粒，光滑匀整。如粪便干硬细小或粪量减少，甚至停止排粪则是便秘。粪便呈长条形或成堆，或稀薄甚至水样则是肠道有炎症。腹部容量大，有弹性而不松弛。当患球虫病，结肠阻塞时，则发生胀肚。

81. 怎样进行泌尿系统健康检查？

泌尿系统健康检查主要是检查兔的尿液颜色、尿量及沉淀物的量。健康兔的尿液较混浊（有碳酸钙沉淀），呈淡黄色，一般每天可排尿 200 毫升左右。尿少而稠、颜色深，或尿多而清淡均不正常，说明水代谢出现问题；尿中带血，多因肾脏、膀胱、尿生殖道发炎而引起；尿黄褐色说明肝脏有病；尿液浓稠、有脓样物排出，则多因尿生殖道有炎症，脓汁随尿排出所致。有时饲料的变化或服某种药物，也可引起宠物兔尿液颜色及尿量等暂时变化，应注意区别。

82. 家中要常备哪些药物?

(1) 庆大霉素 用以治疗宠物兔的肠道病，如腹泻、大肠杆菌病、痢疾杆菌病、绿脓杆菌病和呼吸道病等。用量：小宠物兔1万～2万单位，大宠物兔2万～4万单位，每日2次，肌内注射。

(2) 卡那霉素 对呼吸道病治疗优于庆大霉素，还可治疗宠物兔的肠道病，如大肠杆菌病、痢疾杆菌病等。用量同庆大霉素，肌内注射。

(3) 青霉素 治疗宠物兔的肺炎、鼻炎、乳腺炎、膀胱炎、李氏杆菌病等。每千克体重注射1万～2万单位，每日2次，连续3～5天。

(4) 链霉素 治疗出血性败血症、李氏杆菌病、肺炎、鼻炎、结核病、黏液性肠炎、巴氏杆菌病等。每千克体重1万单位，每日2次，连续3～5天。

(5) 大黄苏打片 属健胃消化药，治疗伤食、臌胀。每次1～2片，日服2次。

(6) 酵母片 健胃消化药，也用于B族维生素缺乏的治疗。每次1片，日服2次。

(7) 酒精 常用75%的酒精做注射部位的皮肤消毒之用。

(8) 碘酒 常用1%～2%的碘酒做皮肤和创伤消毒。另外，用生石灰、草木灰撒在地面上具有较好的消毒杀菌效果。百毒杀及兽医防疫部门推荐的新型消毒药都可使用。

83. 宠物兔常用的给药方法有哪些？

不同的用药方法直接影响到宠物兔体对药物的吸收速度、吸收量以及药物的作用强度。因此，养宠物兔应该了解常用的几种用药方法。

（1）内服给药 此法的优点是简单易行，适用于多种剂型投药。但缺点是吸收慢、吸收不规则、药效迟等。

①口服给药：对于量较少又没有特殊气味的药物，可拌入少量适口的饲料中，让病宠物兔采食；对于易溶于水又没有苦味的药物，可直接放入饮水中饮用；对于拒食的病宠物兔，可用注射器或塑料眼药水瓶吸取药液，缓慢注入口腔，要防止呛入呼吸道，引起异物性肺炎；对于片剂要研细，用厚纸折起，慢慢倒入病宠物兔口腔，然后喂水服下。

②胃管给药：对于有异味、毒性较大的药物，或拒食的病宠物兔，可采用胃管给药，即将开口器置入病宠物兔口腔，由上腭向内转动直到宠物兔舌被压于开口器与下腭之间为止，可把导尿管作为胃管，前端涂石蜡润滑油，沿开口器中央小孔置入口腔，再沿上腭后壁轻轻送入食道约 20 厘米以达胃部，将胃管另一端浸入水杯中灌药，若有气泡冒出，应立即拔出重插。为了避免胃管内残留药物，需再注入 5 毫升生理盐水，然后拔出胃管。

③直肠给药：对于便秘的病宠物兔，可用一根适当粗细的橡皮管涂上凡士林润滑，缓缓插入病宠物兔肛门内 7～8 厘米，再把吸有药液的注射器接在橡皮管上，把药液注入直肠，可软化并排出直肠积粪。

（2）外服给药 对于外伤、体表寄生虫病、皮炎、皮癣等需要从外部施药。对这种病宠物兔要单笼饲养，以防止其他宠物兔误食药中毒。

①洗涤法：将药物制成适宜浓度的溶液，清洗局部皮肤或鼻、眼、口及创伤部位等。

②涂搽法：将药物制成软膏或适宜剂型，涂于皮肤或黏膜的表面。

③浸泡法：将药物制成适宜浓度的溶液，浸泡去除病宠物兔被毛的患部。

（3）注射给药 此法的优点是药物吸收快且完全，剂量和作用确实，但要严格消毒，注射部位要准确。

①皮下注射：在耳根后面、腹下中线两侧或腹股沟附近等皮肤松弛、容易移动的部位注射。先剪毛，再用酒精或碘酊消毒，然后用左手将皮肤提起，右手将针头刺入被抓皮肤的三角形基部，大约皮下 0.8 厘米，将药物注入。注意针头不能垂直刺入，以防进入腹腔。拔出针头后要对注射部位重新消毒。

②肌内注射：选择颈侧或大腿外侧肌肉丰厚、无大血管和神经的部位注射。剪毛消毒后垂直、迅速地将针头刺入肌肉，如果有回血，证明针头刺入血管，应拔出针头，更换部位，消毒后重新注射，无回血时，再将药物注入。一次药量不能超过 10 毫升，若药量多应更换注射部位。

③静脉注射：适用于急性的严重病例，通常选择两耳外缘的耳静脉或股静脉注射。剪毛后，若耳静脉太细不易注射，可用手指弹击耳郭边缘，或用酒精棉球用力擦，使血管努张，用左手捏住耳尖，食指在耳下支撑，右手持注射器，将针头顺静脉平行刺入耳静脉内，见有回血，迅速放开被压迫的耳基部，将药物慢慢注入。做肌静脉穿刺时，将病宠物

兔腹部朝上平卧，四肢用绳固定，用食指、中指在髂窝处摸到搏动最强地方稍靠外侧进针，针头与皮肤呈30°刺入1.5厘米左右抽回血，若回血为暗红色即可推药，若为鲜红色则误入动脉内，立即拔出针头按压3～5分钟，换另一侧重新注射。

84. 怎样提高宠物兔的免疫力?

（1）饲喂营养全面的饲粮。

（2）提供良好的照料和清洁的环境。

（3）按照免疫程序进行疫苗接种。

（4）保持充足的运动。

85. 有哪些可以提高宠物兔免疫力的中草药?

（1）茵陈蒿 又名绵茵陈，具有发汗利尿、利胆、退黄疸功效。可用于治疗宠物兔肝球虫病、大便不畅、小便黄赤短涩。

用法用量：采集嫩鲜草让宠物兔自由采食，或用干品9克煎水喂服，每日2次，连用5～7天。茵陈蒿是优质的宠物兔青饲料，春天用来喂宠物兔，能使幼年宠物兔生长发育快、被毛光泽、膘情良好。

（2）野菊花 又名野黄菊，可治疗金黄色葡萄球菌、链球菌、巴氏杆菌所引起的疾病。

用法用量：用鲜菊花直接喂宠物兔，或取干品5克煎水喂服，每日2次，连用5～7天。

（3）金银花 又名忍冬花，有清热解毒作用。主治宠物兔流行性感冒、肺炎、消化道疾病及其他热性病。

用法用量：用鲜枝、叶、花喂宠物兔，或干品每天 4～6 克，煎水喂服，连用 3～5 天。

（4）板蓝根、大青叶 有抗菌消炎功效。主治宠物兔咽喉炎、气管炎、肺炎、肠炎、败血症等。

用法用量：可用干品 5 克煎水内服，连用 3～5 天，也可用鲜草直接喂宠物兔。

（5）大蒜头 可治宠物兔肠炎、腹泻、消化不良、流感、肺炎、球虫病等。

用法用量：将大蒜去皮 250 克捣烂，加水 500 克浸泡，7 天后即可使用。每日服 2 次，每次 3～5 毫升，连用 3～5 天。也可将大蒜捣成泥状，拌入饲料中直接喂宠物兔。

86. 如何对宠物兔舍进行消毒？

（1）地面消毒 宠物兔舍地面是宠物兔小环境的部分，是饲养管理人员通道和宠物兔排泄粪便的场所，因此地面消毒很重要。每天应及时清扫，地面可撒一些生石灰。定期喷洒消毒药物如来苏儿或 20％的氢氧化钠，保持宠物兔舍通风、干燥、清洁卫生。

（2）兔舍消毒 引种前 2～3 天，应对宠物兔舍彻底消毒，一般采用的方法是熏蒸消毒方法：①高锰酸钾 25 克，甲醛溶液 70～100 毫升混合，不久发生剧烈反应，挥发到空气中的甲醛气体有强烈的杀菌消毒作用；②有条件的可安装紫外线灯，紫外线有强烈的杀菌消毒作用。可持续照射 5～6 小时，停 12 小时，反复使用效果更好，熏蒸消毒也反复使用 2～3 次，引种前 12 小时停止使用。

（3）笼具消毒

①一般消毒（指笼具使用期间的带宠物兔消毒）：按使用说明用百毒杀等配成一定的比例，喷洒消毒，一般3天一次。

②彻底消毒（指引种前全舍消毒或把宠物兔从笼内提出的不带宠物兔消毒）：按使用说明用杀菌力较强的消毒液，如来苏儿、甲醛、氢氧化钠等，但应注意消毒后不能立即放宠物兔，须空置2～3天再放宠物兔。还可用喷灯火焰消毒，火焰应达到笼具的每个部位，火焰消毒数小时后便可放宠物兔。彻底消毒一般每月一次。

（4）水、食盒消毒 一般一周消毒一次。具体方法是将水、食盒从笼具上取下，集中起来用清水清洗干净，放入配制好的消毒液中，浸泡30分钟，再清洗待晾干后即可使用。

（5）产箱消毒 使用过的产箱应倒掉里面的垫物，用清水冲洗干净，晾干后，在强日光下暴晒5～6小时，冬天可用紫外线灯照射5～6小时，再用消毒液喷雾消毒备用。

87. 如何根据宠物兔的尿液判断疾病？

宠物兔尿液的颜色很多变，包括透明无色、黄色、橙色或带点红色、咖啡色、白色，都可能见到。这和温度、食物、饮水量等都有关系，苜蓿和胡萝卜等很容易造成色素尿（属正常）。

（1）血尿 宠物兔是会有偏红色的尿液的，但跟血的颜色和质地相较是不同的。如果是带血，就有必要取一些新鲜的尿液，并带上宠物兔去宠物医院做检查。

（2）尿液太过清澈 尿液非常清澈、无沉淀，颜色像泡淡的茶叶水，甚至是全透明的，这可能是肾脏功能出现了问题。

(3) 持续大量的白色钙尿，或沉淀物太多 可能是尿路结石或肾脏功能问题。沉淀物太多也可能与尿路都无关，子宫蓄脓如果做尿检，沉淀物指标也会很高。

88. 如何根据宠物兔的粪便性状判断疾病？

(1) 宠物兔的粪便细小而坚硬，量少，有时几天不排粪，腹部膨大，消化停滞，触摸宠物兔下腹部可摸到坚硬的粪球。此症状多为便秘。可内服食用油治疗，大宠物兔10～15毫升，小宠物兔5～10毫升，加等量温水一次内服。

(2) 宠物兔的粪便软、稀，呈糊状或水样，有腥臭味，粪便中常混有未消化的食物，肛门周围沾满稀粪。这多是由于饲养管理不当、突然更换饲料、饲喂不定时或不定量引起的消化不良或胃肠炎型腹泻。预防：改进饲喂方式，喂易消化的饲料，不喂发霉变质的饲料，更换饲料时逐渐进行。治疗：给病宠物兔服用抗菌消炎药物；对严重脱水的病宠物兔，可静脉注射5%的葡萄糖溶液20～30毫升。

(3) 宠物兔的粪球增大、稍软而无光泽，呈黑色或草绿色，宠物兔的食欲正常，没有其他症状。这种情况多因青绿饲料喂量过多、精饲料过少而引起。可减少青绿饲料的喂量，适当增加精饲料的比例。

(4) 宠物兔腹泻，粪便恶臭，肛门周围的被毛沾有稀薄的粪便。有的病宠物兔腹泻与便秘交替发生，有时粪中带有血丝；病宠物兔消瘦、贫血、耳发白、有腹水，有时肠内有成串的粪球，死前发出尖叫声，两前肢呈划船动作等。这多为球虫病的症状。可在饲料中加入氯苯胍、克球粉、复方敌菌净等药物进行预防；对病幼年宠物兔可在其饮水中加入青霉素等药物，以止泻和治疗球虫病。

（5）宠物兔的粪便呈褐色，随即出现剧烈水泻。有时出现胶冻样粪便，黄褐色；有时排黑色水样粪便，粪便带血、腥臭。病宠物兔体温不高，后肢被稀粪污染。该病可能是魏氏梭菌病，是一种比较难治的宠物兔病，初期可以用魏氏梭菌病抗血清静脉注射，每千克体重用 2～3 毫升，每天静脉注射 2 次，有一定疗效。也可用卡那霉素，宠物兔每千克体重用 20 毫克，每天注射 2 次，连用 3 天。还可用青霉素加链霉素加维生素 C 进行治疗。

（6）初生宠物兔的粪便呈黄白色水样，未断乳宠物兔和幼年宠物兔发生严重腹泻，排出淡黄色水样粪便，粪便上带有大量黏液。剖检死宠物兔，其肠内充满大量气体，肠内容物呈胶冻样。此病多为大肠杆菌病。治疗：可口服庆大霉素 2～4 毫升，每天 2 次；在饲料中加入穿心莲制成颗粒饲料，可起到预防作用。

（7）宠物兔的粪便干硬、量少，粪球呈串状，内有宠物兔毛，特别是初吃食的仔宠物兔和母宠物兔最易发生。此症状多为食毛症（毛球病）。治疗：可给其喂服食用油或泻药，灌服人工盐，并增加青绿饲料的喂量，保持窝内干净卫生。

（8）粪便呈淡黄色，有腥臭味，仔宠物兔肛门周围被黄色尿液污染，表现为急性水泻，一般全窝死亡。此病多为仔宠物兔黄尿病。治疗：给母宠物兔肌内注射青霉素，每次 80 万国际单位，每天 2 次，连用 2 天；让患病仔宠物兔口服庆大霉素，每次 4～5 滴，连用 3 天，效果很好。

89. 宠物兔多久需要注射一次兔瘟疫苗?

兔瘟是由病毒引起的一种急性、热性、败血性和毁灭性的传染病。死亡率在98%以上，所以我们在把宠物兔带回家2周以后，当兔兔适应了家里的生活环境，我们就要带着兔兔去宠物医院注射兔瘟疫苗，每次注射2毫升。以后每6~8个月为兔兔注射一次兔瘟疫苗，从而保证兔兔的健康成长。

90. 如何预防宠物的球虫病?

兔球虫病是由兔艾美耳球虫引起的，发病年龄在20~60日龄，尤其是断奶至3月龄以内的宠物兔最易感染，发病率在70%以上，因此在饲养宠物兔时要做好预防宠物兔球虫病的计划。可以到宠物店给宠物兔购买饮用的地克珠利，放在水里面给兔兔喝，1个月给宠物兔饮水1次即可。

91. 宠物兔为什么会歪头?

(1) 内耳感染 治疗方法应强效并且长期进行。如果在耳孔深处发现脓性分泌物，应当进行培养及敏感性检测来确定菌剂以及对抗感染最有效的抗生素。然而，如果不能分离病菌进行培养，很多兽医会选择用一般能够有效的抗生素来治疗内耳感染，如恩诺沙星、氯霉素或者普鲁卡因青霉素G+苄星青霉素G混剂。如果4周后没有好转，就应换一种抗生素。

如果用抗生素治疗感染的方法失败，兽医可能会建议做耳部手术来进行简单的培养及敏感性检测，去除分泌物，引流。在进行培养前应提前3天停止抗生素治疗。治疗过程中应包含引流。但是，宠物兔产生的分泌物通常非常黏稠而无法排尽。

如果歪头症很严重，就需要用类固醇来缓解炎症。如果宠物兔拒食，医生可能会建议进行皮下注射补液或者用针管喂食。

（2）中风 照顾一只患有中风的宠物兔需要帮助它克服在摄食、饮水以及活动上的困难。抗生素对这种病没有太大的效果，但是有时会被用来排除炎症。在这种病例的治疗中也应考虑进行针灸。

（3）外伤 对面部、颈部或者头部的打击都可能导致大脑损伤而引起宠物兔歪头症。外伤甚至可能是惊恐导致的。根据外伤的严重程度，消炎治疗可能会对加快恢复有所帮助。

（4）肿瘤 脑内出现肿瘤，颈部或者耳朵可能会出现歪头症的症状。

（5）颈部肌肉收缩 肌肉痉挛可能会导致暂时的歪头症。这种情况在肌肉放松之后会自行恢复。

（6）脑胞内原虫病 抽血进行脑原虫抗体检测以了解宠物兔有没有感染这种寄生虫。

（7）脑幼虫移行症 对这种感染目前没有治疗的方法。伊维菌素渗透入大脑的剂量不足以杀死幼虫，但可以在幼虫到达大脑前杀死它们。

（8）中毒 这种情况可能由摄入绘画颜料、进口瓷器，或者有毒植物，如马利筋豆荚中的铅引起的。

92. 如何防治宠物兔感冒?

（1）口服复方阿司匹林。成年宠物兔1片，幼年宠物兔半片，每日2次。

（2）用1%麻黄素滴鼻。每次3～4滴，每日3次。

（3）口服银翘解毒片，每次1片，每日2次。

（4）体温上升时可肌内注射青霉素，每千克体重2万～4万单位，或链霉素每千克体重10～20毫克，每日2次，连用2～3天。

（5）一枝黄花、金银花、紫花地丁各5克，水煎服。

（6）生姜25克，白萝卜半个，大葱2根，红糖100克，煎服。视宠物兔大小每次20～40毫升，日服2次。

93. 如何防治宠物兔螨?

（1）预防

①宠物兔舍、宠物兔笼要经常清扫、消毒，保持通风干燥。可用2%敌百虫溶液对宠物兔笼进行喷洒消毒。

②经常检查宠物兔的脚爪、耳内，一旦发现患病，应及时隔离治疗。种宠物兔停止配种，以防疾病蔓延。

（2）治疗 治疗本病的药物有很多，有口服药、皮下注射药和外用药。使用外用药时，应先剪去患部及其周围被毛，用温肥皂水浸软痂皮后，仔细刮除，然后涂药，可提高疗效。治疗药物：①阿福丁（虫克星，Abamectin），几乎对所有线虫和外寄生虫（如螨、虱、蚤、蜱、蝇虫等）及其他节肢动物都有很强的驱杀作用（对虫卵无效），有粉剂、胶囊和针剂，根据说明书使用，效果较好。②灭虫丁，按每千克体重 0.2 毫升剂量皮下注射，总剂量不能超过 1 毫升。③2%敌百虫溶液，涂擦、浸泡患部，每隔 7 天使用 1 次，药液应现用现配。④螨净，按 1∶500 比例稀释，涂擦患部，具有疗效好、成本低等特点。⑤双甲脒，其商品名又称敌特克（含 2.5%双甲脒），以 0.05%浓度涂擦患部，疗效可靠，使用安全。无论采取以上哪种方法治疗，均需注意以下几点：一是治疗后，隔 7～10 天重复 1 个疗程，直至治愈为止。二是治疗与消毒宠物兔笼同时进行。三是家养宠物兔不适于药浴，不能将整只宠物兔浸泡于药液中，仅可依次分部位治疗。

94. 怎样预防宠物兔足部发炎?

（1）预防 宠物兔笼应该保持清洁干燥，笼底板必须标准、平整、光滑。金属底板的应该放一层竹底板或者塑料底板。

（2）治疗

①可以在有脚皮炎的宠物兔笼子里面放一些清洁消毒后的青干草，厚度 10 厘米以上，每天更换一次。

②剪掉患部周围的脚毛，用双氧水或者高锰酸钾溶液清洗几次（必须清洗干净），再涂擦红霉素软膏或者青霉素，同时内服抗菌消炎药；每天各一次，直到痊愈。

③痊愈的宠物兔不要再留作种用，很容易复发。

④种宠物兔应该 4 个月用治疗皮炎的药物进行一次预防。治疗、预防的方法有很多，应该找到发病原因，否则事倍功半。

95. 如何防治宠物兔弓形虫病?

宠物兔场严禁养猫，避免卵囊污染环境。经常保持宠物兔舍和宠物兔笼清洁，用3%氢氧化钠溶液或3%石灰水定期消毒，经常灭鼠灭虫，切断传播途径。发现病宠物兔或可疑宠物兔，应及时诊断和隔离治疗，对久治不愈的予以淘汰，同时对受到威胁的宠物兔用磺胺类药物混在饲料中，连续给药1周可起到预防的作用。急性发病可采用磺胺治疗，早期治疗效果较好。如果用药过晚，虽然能够缓和症状，却不能抑制虫体在组织中形成包囊。磺胺嘧啶每千克体重70毫克和乙胺嘧啶每千克体重6毫克合用，一天2次，连续3天。磺胺嘧啶每千克体重70毫克和三甲氧苄氨嘧啶每千克体重14毫克合用，一天2次，连续3天。磺胺-6-甲氧嘧啶注射液每千克体重70毫克，每天1次，连续3～5天。如果配合磺胺增效剂三甲氧苄氨嘧啶效果更好。磺胺二甲嘧啶、磺胺甲基异噁唑可代替磺胺嘧啶，用量为每千克体重50毫克。

96. 如何防治宠物兔便秘?

(1) 治疗

①药物治疗：取“人工盐”（主要成分为硫酸钠、碳酸氢钠、氯化钠）5克，或蓖麻油16毫升，加适量水服用，每天1～2次，连服2～3天，便秘症状消失后立即停药。另外一次性灌服植物油15毫升，也可排除积粪。还可以采取皮下注射硝酸毛果芸香碱的方式促进胃肠蠕动，排除粪便，

用量为 0.5～1.0 毫升。

②灌肠治疗：发病严重的宠物兔可以使用温肥皂水灌肠，水温在 40℃，大概用量 40 毫升。操作方法是让宠物兔后躯抬高，将塑料软管插入病宠物兔肛门，用去掉针头的注射器连接塑料管，慢慢地把温肥皂水灌入直肠，拔出导管，一只手迅速按住病宠物兔的肛门，另一只手轻轻按摩其腹内粪块 5～8 分钟，任其粪水流出。

（2）预防 合理的饲养管理能够有效预防宠物兔便秘症状的发生。饲养管理要依据宠物兔的不同生理阶段、季节，以及其生物学特征，合理制定饲养管理措施。

①青料为主，精料为辅：饲料使用不当是宠物兔便秘的最主要原因，所以在选用饲料的时候要特别注意，既要保证饲料的适口性，还要根据宠物兔的营养需要合理搭配饲料，提高饲料利用率。宠物兔为典型的单胃草食性动物，所以在饲喂的过程中，应该以饲喂草类饲料为主，如干青草、玉米秆等，但是粗饲料中能量和蛋白质含量较低，不能满足宠物兔的营养需要，所以为补充宠物兔的营养，可以适当、适量补以精料。宠物兔用精饲料主要包括麦类、谷物、玉米、豆类及其加工副产物等，例如豆渣、米糠、麦麸等。饲喂时与粗饲料搭配，制成全价配合饲料饲喂。

②保证饲料的清洁、干燥：在宠物兔的养殖过程中，不能为了节约成本而选用质量低的饲料，并且要注意饲料在贮存时的品质，防止因饲料的贮存不当引发便秘或中毒。不能饲喂有毒素的饲料，例如含有芥酸的菜籽饼，并且霉变的饲料也含有毒素。在饲料的贮存过程中要保证饲料的清洁、干燥，防止霉变。选用饲料时，要注意饲料上不能喷洒上农药，防止宠物兔中毒。

③定时定量：为防止宠物兔便秘，应该培养宠物兔定时采食、排便的习惯。这就需要饲养人员每天定时、定量饲喂。通常宠物兔每天要饲喂3～5次，年幼的仔宠物兔生长发育快，消化能力弱，就需要每天饲喂7～9次。同时，根据饲养季节和宠物兔生理状况的不同，做出相应的饲喂规律调整。一旦饲养习惯养成，便不可轻易更改，以防打乱宠物兔的饮食规律，诱发消化系统疾病，导致便秘。

④保证饮水充足，适度运动：水利于宠物兔体内营养物质的消化吸收，可保证肠道内残渣的排泄。若缺水，宠物兔采食的饲料便无法消化，造成便秘。应保证饮水充足，并注意水和饮水器的卫生。另外，让宠物兔进行适当的运动也可预防便秘，可在不惊扰宠物兔群的前提下人为干预运动。

97. 如何防治宠物兔腹胀?

(1) 控制喂量　对于腹胀宠物兔，应先采取饥饿疗法或控制采食量，比如对处于1～3月龄疾病多发期的幼年宠物兔限制喂量（自由采食的80%左右）。

(2) 大剂量使用微生态制剂　平时在饲料或饮水中添加微生态制剂，以保持消化道微生态的平衡，以有益菌抑制有害微生物的侵入和无限繁衍。在疾病高发期，微生态制剂使用量加倍。当发生疾病时，直接口服微生态制剂，连续3天，有较好效果。

(3) 搞好卫生　尤其是饲料卫生、饮水卫生和笼具卫生，降低宠物兔舍湿度，是控制本病的重要环节。

(4) 控制饲料质量　一是保证饲料营养的全价性；二是控制饲料中霉菌及其毒素的影响；三是饲料原料的选择，尽量控制含有抗营养因子的饲料原料和使用比例；四是适当提高饲料中粗纤维的含量；五是尽量缩短饲料的保存期，控制保存条件。

（5）预防疾病 尤其是与消化道有关的疾病，如大肠杆菌病、魏氏梭菌病、沙门氏菌病、球虫病和其他消化道寄生虫病。

（6）加强饲养管理 规范饲养，程序化管理，是控制该病所需要的。减少应激，尤其是对断乳宠物兔的“三过渡”（环境、饲料和管理程序），减少消化道负担，保持宠物兔体健康，提高宠物兔自身的抗病力非常重要。一旦发生疾病，在采取相应措施的同时，放出患病宠物兔活动，尤其是在草地上活动，有助于病情得到有效缓解。

98. 如何防治宠物兔腹泻？

（1）口服补液盐 腹泻常导致宠物兔脱水和营养物质流失，且日龄越小越严重，死亡率也越高。由硫酸钠、氯化钠、碳酸氢钠、氯化钾等混合制成的补液盐是目前应用于畜禽腹泻并防止脱水的最好方法。

（2）药物防治 对腹泻宠物兔应及时进行药物治疗。确诊是由细菌引起的应辅以抗生素治疗，临床上用环丙沙星、庆大霉素较敏感。由球虫引起的应用抗球虫药物，如地克珠利、氯苯胍等进行治疗。由病毒引起的应使用口服补液盐防止脱水，补充养分，同时使用抗病毒药物，加强环境卫生消毒。

（3）使用微生态制剂 有条件的地方，可使用微生态制剂。宠物兔腹泻时厌氧菌减少，需氧菌增加，比例颠倒。使用微生态制剂后，在肠道内产生厌氧环境，可使厌氧菌增加，致病菌受到抑制，从而调整肠道内菌群的平衡，达到防治腹泻的效果。

99. 怎样防治宠物兔毛球症?

(1) 预防

①饲喂全价平衡日粮，适当补充含硫氨基酸、维生素、矿物质等。

②饲喂高纤维日粮（特别是长的干草、青草及其他粗饲料）有助于在形成毛球前从胃内清除宠物兔毛。日粮中的粗纤维含量在10%～14%较适宜。

③改善饲养管理，宠物兔笼要适当宽敞，饲养密度要适当，生长宠物兔要及时分群。

④搞好环境卫生，及时清除粪便垃圾，严防宠物兔毛混入饲料中。

⑤定期用火焰喷灯喷烧宠物兔笼，以烧掉黏附在笼网上的宠物兔毛。

(2) 治疗

①药物疗法：发现毛球病后，早期较轻时可口服多酶片，每次4片，每日1次，连服5～7天，使毛球逐渐酶解软化，同时口服泻药（如15毫升花生油，每日2次），以促进毛球排泄；较严重者，除用上述疗法外，还应口服阿托品0.1克，使幽门松弛，以便于毛球下滑，同时配合腹外按摩挤压，促使毛团破碎与排泄。毛球排出后，应喂给易消化的饲料。对有食毛症的宠物兔，还要将食毛宠物兔隔离饲养，并往其饲料中添加1.5%的硫酸钙和0.2%的胱氨酸+蛋氨

酸（或1%的毛发粉）。

②手术疗法：若药物治疗无效者，应立即进行手术，取出阻塞物。

100. 如何处理宠物兔的伤口？

（1）所需器具耗材 脱脂棉球，绷带，透气胶带，5毫升针筒。

（2）所需药品 1%碘伏或5%聚维酮碘，云南白药。

（3）准备工作

①把2个脱脂棉球沾满碘伏或聚维酮碘放在干净的平面上待用。

②把云南白药的盖子打开，将里面的棉球取出来。

③如果伤口较深或被污物污染，则用5毫升针筒抽取3～5毫升的碘伏或聚维酮碘待用。

④将绷带包装拆开放在一旁待用。

⑤如伤口在四肢，则将胶带截成10厘米长的一段，准备3～4段，将其粘在桌台边沿。

（4）操作步骤

①一个人保定住宠物兔，建议在床上操作，以防宠物兔挣脱后受伤，另一个人负责操作。

②如伤口较深，则用抽满药液的5毫升针筒，将针筒前方塑料嘴深入伤口内，略用力将其中的药液推出来清洗消毒伤口。

③如伤口较浅，则用沾满药液的脱脂棉球，一边轻捏一边轻轻涂擦清洗伤口，待伤口和周围皮肤均有药液后即可。

④稍等10分钟，让药液充分浸润伤口达到消毒的效果，

碘伏或聚维酮碘属缓效消毒药品，所以不能过早清除药液。

⑤待伤口上的药液略微干燥后，均匀撒上云南白药，既可以直接撒上去，也可以用棉球蘸云南白药往伤口上轻按覆盖。

⑥如果伤口不大，则无须包扎，继续看管宠物兔，待伤口基本干燥即可放开。

⑦如果伤口较大，则必须包扎，因伤口出现的位置不定，以腿部伤口为例，把用完的蘸有药水的棉球摊成片状，覆盖在伤口处，然后用绷带缠绕，过紧可导致血流不畅，过松则容易被宠物兔啃咬下来，所以需要自己灵活掌握。用适当的力度缠绕几圈后，必须将药棉和伤口完全覆盖后，用准备好的胶带段缠绕固定，2 天后拆开包扎物查看伤口并换新药棉。

（5）后续护理

①未包扎的伤口，要防止宠物兔不断地啃咬或舔，如果宠物兔频繁舔咬，则前几日可考虑戴头套。

②未包扎的伤口，前 3 日每天都要为宠物兔的伤口做一次碘伏或聚维酮碘的浸润处理，然后撒上云南白药。

③已包扎的伤口，要注意检查宠物兔血液循环情况，以腿为例，如果宠物兔的脚趾颜色鲜红则正常，暗红则血流不畅。

④已包扎的伤口，如发现宠物兔啃咬包扎物，则需要喝止。

⑤伤口愈合期因较痒，宠物兔可能会啃咬伤口解痒，这时也需留意观察，如果出现新的出血点，则需要每日用碘伏或聚维酮碘消毒一次。

参 考 文 献

谷子林，2010. 家兔养殖技术问答［M］. 北京：中国农业出版社.

姜文学，2013. 家兔养殖专家答疑［M］. 济南：山东科学技术出版社.

町田修，2012. 兔子品种大图鉴［M］. 台中：晨星出版社.

王永康，2019. 规模化肉兔养殖场生产经营全程关键技术［M］. 北京：中国农业出版社.

图书在版编目（CIP）数据

宠物兔饲养100问 / 孙海涛主编．—北京 ：中国农业出版社，2022.6（2023.4重印）
（特种经济动物养殖致富直通车）
ISBN 978-7-109-29495-0

Ⅰ.①宠…　Ⅱ.①孙…　Ⅲ.①宠物－兔－饲养管理－问题解答　Ⅳ.①S829.1-44

中国版本图书馆CIP数据核字（2022）第091458号

中国农业出版社出版
地址：北京市朝阳区麦子店街18号楼
邮编：100125
责任编辑：周锦玉
版式设计：杜　然　　责任校对：刘丽香
印刷：中农印务有限公司
版次：2022年6月第1版
印次：2023年4月北京第2次印刷
发行：新华书店北京发行所
开本：850mm×1168mm　1/32
印张：4
字数：100千字
定价：25.00元
